高等院校应用型本科智能制造领域"十三五"规划教材

传感器原理及检测技术

主　编　卢君宜　程　涛
副主编　李冬冬　蔡　容
参　编　周亚丽　马　丽

华中科技大学出版社
中国·武汉

内 容 提 要

本书是高等院校应用型本科智能制造领域"十三五"规划教材。本书全面介绍了传感器及检测技术的基本概念、基本原理和典型应用实例。本书内容包括传感器的基本特性、电阻式传感器、电容式传感器、电感式传感器、压电式传感器、霍尔传感器、热电式传感器、光电式传感器、固态图像传感器、其他传感器、信号分析与处理等。

本书可作为高等院校机械类(机械工程、机械设计制造及其自动化、材料成型及控制工程、机械电子工程、机器人、机电一体化、车辆工程等)、自动化与电气工程类(自动化、电气工程及其自动化等)、电子信息类(电子信息工程、物联网工程、智能电网信息工程、计算机等)专业的教材,也可供从事传感器与检测技术相关领域工作的工程技术人员、研究人员参考。

图书在版编目(CIP)数据

传感器原理及检测技术/卢君宜,程涛主编. —武汉:华中科技大学出版社,2019.8(2024.7 重印)
高等院校应用型本科智能制造领域"十三五"规划教材
ISBN 978-7-5680-5603-8

Ⅰ.①传… Ⅱ.①卢… ②程… Ⅲ.①传感器-高等学校-教材 Ⅳ.①TP212

中国版本图书馆 CIP 数据核字(2019)第 184071 号

传感器原理及检测技术
Chuanganqi Yuanli ji Jiance Jishu

卢君宜　程　涛　主编

策划编辑：余伯仲
责任编辑：罗　雪
封面设计：原色设计
责任监印：周治超
出版发行：华中科技大学出版社(中国·武汉)　　电话：(027)81321913
　　　　　武汉市东湖新技术开发区华工科技园　　邮编：430223
录　　排：武汉三月禾传播有限公司
印　　刷：武汉科源印刷设计有限公司
开　　本：787mm×1092mm　1/16
印　　张：11
字　　数：277 千字
版　　次：2024 年 7 月第 1 版第 4 次印刷
定　　价：39.80 元

前　　言

"传感器原理及检测技术"是一门多学科交叉的课程,是机械类专业(机械工程、机械设计制造及其自动化、材料成型及控制工程、机械电子工程、机器人、机电一体化等专业)、自动化与电气工程类专业(自动化、电气工程及其自动化等专业)、电子信息类专业(电子信息工程、物联网工程、智能电网信息工程等专业)的学科基础课程或专业课程。

随着科学技术的发展,人们对信息资源的需要日益增长。要及时获取各种信息,解决工程、生产及科研中遇到的检测问题,必须合理地选择和应用各种传感器,这就要求工程技术人员必须具备相关的传感器知识,并且能够对检测系统的性能进行分析,对测得的数据进行处理。

本教材全面介绍了传感器及检测技术的基本概念、基本原理和典型应用实例。本书包括绪论、传感器的基本特性、电阻式传感器、电容式传感器、电感式传感器、压电式传感器、霍尔传感器、热电式传感器、光电式传感器、固态图像传感器、其他传感器、信号分析与处理,共12章。本书强调对体系结构知识进行简化,提炼重点,形式上采用导学的模式,倡导学生主动学习,内容上抓住经典,延伸至前沿,强调学生工程实践创新能力的培养。

本书由武汉科技大学城市学院卢君宜副教授、湖北工业大学工程学院程涛担任主编,华南理工大学广州学院李冬冬副教授、武汉科技大学城市学院蔡容担任副主编,具体编写分工如下:第1章、第2章、第8章由卢君宜编写,第3章、第12章由李冬冬编写,第4章、第6章由蔡容编写,第5章由周亚丽编写,第7章、第10章、第11章由程涛编写,第9章由马丽编写。

在本书编写过程中,我们参考和引用了一些已出版图书和期刊资料中的有关内容,在此对所引用文献的原作者及所有付出辛勤劳动的人员表示衷心的感谢!

由于编者水平有限,书中仍然可能存在错误与不足之处,请广大读者不吝赐教,我们将不胜感激!

编　者

2019 年 4 月

目　　录

第1章 绪 论

学习目标

- 理解传感器的定义与分类
- 把握传感器的组成、基本功能和传感器的共性
- 能够结合生活生产实际举例说明传感器的应用

1.1 课程概述

"传感器原理及检测技术"是工科机械、电子、电气信息类专业的重要专业（基础）课程,它覆盖的知识领域如图 1-1 所示。该课程主要培养学生在电子信息、计算机应用、精密仪器、测量与控制等领域应具备的各种电量和非电量的检测、显示、控制及产品设计制造、科技开发、应用研究等方面的能力。

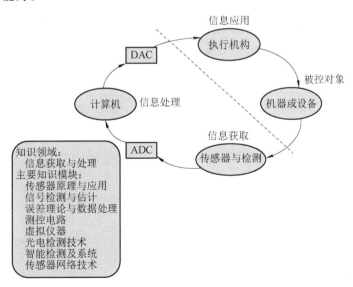

图 1-1 "传感器原理及检测技术"课程覆盖的知识领域

传感器对于机电系统,相当于五大感觉器官对于人体。人体用眼、耳、口、鼻、皮肤等从外界获取视觉、听觉、味觉、嗅觉、触觉等信息,然后将获取的信息传输给大脑,大脑经过判断做出相应的反应,人体四肢即执行相应的动作。而传感器位于研究对象与控制系统之间的接口位置,是系统感知、获取与检测信息的窗口,因此被誉为"机电五官"。传感器将获取的信息传输给计算机控制系统,信息经过处理发送给执行机构,执行机构从而执行相应的动作。人体、机

电系统的机能对应关系如图 1-2 所示。

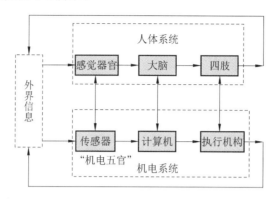

图 1-2 人体、机电系统的机能对应关系

1.2 传感器的定义与组成

我国国家标准(GB/T 7665—2005)规定,传感器(transducer/sensor)定义为能够感受规定的被测量(stimulus/measurand)并按照一定的规律将其转换成可用输出信号的器件或装置,通常由敏感元件和转换元件组成。其组成框图如图 1-3 所示。其中,敏感元件是传感器中能直接感受或响应被测量的部分;转换元件是传感器中能将敏感元件感受或响应的被测量转换成适于传输和测量的电信号的部分。由于传感器的输出信号一般都很微弱,因此需要信号调节与转换电路对其进行放大、运算调制等。

传感器的共性为利用物理定律或者物质的物理、化学或生物特性,将非电量(如位移、速度、加速度、力等)输入转换成电量(如电压、电流、电荷、电容、电阻、频率等)输出。

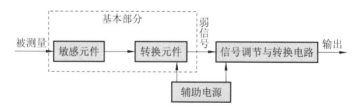

图 1-3 传感器组成框图

虽然根据定义,传感器的基本组成可以分为敏感元件和转换元件两部分,但是并不是所有的传感器都能明显分为敏感元件和转换元件两部分,如半导体气敏传感器、热电偶、压电晶体、光电器件等,一般将感受到的被测量直接转换成为电信号输出,即感知和转换功能合二为一。

1.3 传感器的分类

传感器的种类繁多,分类方式不同,传感器的命名方式也有所不同。通常,传感器可以按照被测量(输入量)、输出量、工作原理、基本效应、能量关系等分类,如图 1-4 所示。但是目前,一般采用两种分类方法:按照工作原理和被测量分类。

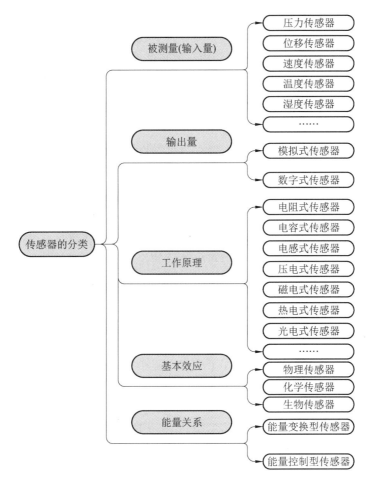

图 1-4 传感器的分类

1.3.1 按照被测量进行分类

按照被测量分类的传感器一般都用被测的物理量命名。比如被测量为位移的传感器称为位移传感器,被测量为速度的传感器称为速度传感器,还有温度传感器、湿度传感器、压力传感器等。这种分类方法通常在讨论传感器的应用时使用。

1.3.2 按照工作原理进行分类

按照传感器的工作原理,如物理定律、物理效应、半导体理论、化学原理等,可以将传感器分为电阻式传感器、电容式传感器、电感式传感器、压电式传感器、磁电式传感器、热电式传感器、光电式传感器等。这种分类方法通常在讨论传感器的工作原理时使用,本书采用此种方法对传感器展开讲解和分析。

1.3.3 按照输出量进行分类

根据传感器输出量的类型可以将传感器分为模拟式传感器和数字式传感器。其中,模拟式传感器的输出信号为连续模拟量,而数字式传感器的输出信号为离散数字量。

相比较而言,数字信号便于识别、传输,具有重复性好、可靠性高等优点,但是目前大多数传感器都是模拟式传感器,因此,往往需要用模数转换器(analog-to-digital converter,ADC)将模拟式传感器输出的模拟信号转换成数字信号后再输出。

1.3.4 按照传感器的基本效应进行分类

根据传感器的敏感元件所蕴含的基本效应,可以将传感器分为物理传感器、化学传感器和生物传感器。

1.物理传感器

物理传感器通过传感器的敏感元件材料本身的物理特性变化或转换元件的结构参数变化来实现信号的变换。如水银温度计,利用水银的热胀冷缩现象将温度变化转变成水银柱的高度变化,从而实现温度测量。物理传感器可以按照其构成进一步分为物性型传感器和结构型传感器。

1)物性型传感器

物性型传感器依靠敏感元件材料本身的物理特性变化来实现信号的变换,多指近年来出现的半导体类、陶瓷类、光纤类或其他新型材料类传感器,如利用材料在光照下会改变特性可以制成光敏传感器,利用材料在磁场作用下会改变特性可以制成磁敏式传感器等。

2)结构型传感器

结构型传感器依靠转换元件的结构参数变化来实现信号的变换。它主要是将机械结构的几何尺寸和形状变化转化为相应的电阻、电感、电容等物理量的变化,从而检测出被测信号,如变极距型电容式传感器即通过极板间距的变化来实现对位移等物理量的测量。

2.化学传感器

化学传感器依靠传感器的敏感元件材料本身的电化学反应来实现信号的变换,主要用于检测无机或者有机化学物质的成分和含量,如气敏传感器、湿度传感器。化学传感器广泛应用于化学分析、化学工业的在线检测及环境保护检测。

3.生物传感器

生物传感器利用生物活性物质的选择性识别来实现对生物化学物质的测量,即依靠传感器的敏感元件材料本身的生物效应来实现信号的变换。由于生物活性物质对某种物质具有选择性亲和力(即功能识别能力),因此可以利用生物活性物质的这种单一识别能力来判定某种物质是否存在、含量为多少。待测物质经扩散作用进入固定化生物敏感膜层,经分子识别,发生生物学反应,产生的信息被相应的化学或物理换能器转变成可定量测量和可处理的电信号,如酶传感器、免疫传感器。生物传感器近年发展很快,在医学诊断、环保监测等方面有广阔的应用前景。

1.3.5 按照传感器的能量关系进行分类

按照能量关系,传感器可以分为能量变换型传感器和能量控制型传感器,如图 1-5 所示。

图 1-5 传感器按能量关系分类

1. 能量变换型传感器

能量变换型传感器又称为无源(passive)型传感器,其输出端的能量是由被测对象的能量转换得到的,比如热电偶、光电池、压电式传感器、磁电感应式传感器等。其特点是无须外加电源,能直接将被测非电量转变成电量输出;没有能量放大作用,因此,从被测对象获取的能量越大越好。

2. 能量控制型传感器

能量控制型传感器又称为有源(active)型传感器。此类传感器本身不能转换能量,其输出的电量由外加电源供给,被测对象的输入信号控制电源提供给传感器输出端的能量,并将电压(或者电流)作为与被测对象输入信号相对应的输出信号,比如电阻式传感器、电容式传感器、电感式传感器、霍尔传感器等。其特点是输出电量由外加电源供给,因此,输出的电能可能大于输入端的非电能量,具有一定的能量放大作用。

1.4 传感器技术的发展趋势

一方面,传感器技术在科学研究、工农业生产、日常生活等许多方面应用广泛,在国民经济发展中发挥着越来越重要的作用;另一方面,人们的应用需求对传感器技术又提出了越来越高的要求,这推动着传感器技术不断地向前发展。

总体来说,传感器技术的发展趋势表现为以下几个方面:

(1) 提高与改善传感器的技术性能;

(2) 开展基础理论研究,包括寻找新原理、开发新材料、采用新工艺或者探索新功能等;

(3) 传感器的集成化、智能化、网络化、微型化。

1.4.1 提高与改善传感器的技术性能

1. 差动技术

差动技术是各类传感器通用的技术,其应用可明显减小温度变化、电源波动等外界干扰对传感器测量精度的影响,抵消共模误差,减小非线性误差等。差动技术还有助于传感器灵敏度的提高。其核心技术可以简单地概括如下:

(1) 两个完全相同的传感器;

(2) 两个传感器接受的被测量大小相等,方向相反;

(3) 整体输出结果等于两个传感器输出的差值。

即

传感器 1：$\qquad y_1 = a_0 + a_1 x + a_2 x^2 + a_3 x^3 + a_4 x^4 + \cdots$

传感器 2：$\qquad y_2 = a_0 - a_1 x + a_2 x^2 - a_3 x^3 + a_4 x^4 - \cdots$

二者输出相减：$\quad \Delta y = y_1 - y_2 = 2(a_1 x + a_3 x^3 + a_5 x^5 + \cdots)$

由此可见，非线性误差改善，输出的灵敏度提高一倍。

2. 平均技术

平均技术可以产生平均效应。可以利用若干个传感单元同时感受被测量，输出这些单元的平均值，假设每个单元的随机误差 δ 服从正态分布，根据误差理论，总的误差将减小为

$$\delta_\Sigma = \pm \frac{\delta}{\sqrt{n}} \qquad\qquad (1\text{-}1)$$

式中：δ_Σ——平均随机误差；

δ——单元随机误差；

n——传感单元数。

由此可见，平均技术有助于传感器减小误差、增大信号量、提高灵敏度。

3. 补偿与修正技术

补偿与修正技术的应用主要针对两种情况：

（1）针对传感器本身特性，可找出误差的规律，或测出其大小和方向，采用适当的方法加以补偿或修正；

（2）针对传感器的工作条件或外界环境，找出环境因素对测量结果的影响规律，然后引入补偿措施。这种措施可以是利用电子线路等硬件来解决问题，也可以是采用手工计算或计算机软件来解决问题。

4. 屏蔽、隔离与干扰抑制

传感器的工作现场环境往往是恶劣的，各种环境因素可能影响传感器的测量精度，为了减小测量误差，保证其性能，就应设法减弱或消除环境因素对传感器的影响。主要有两种方法：一是减小传感器对环境因素的灵敏度；二是降低环境因素对传感器实际作用的强度。

对于电磁干扰，可采用屏蔽、隔离措施，也可引入滤波等方法进行抑制。对于温度、湿度、机械振动、气压、声压、辐射、气流等干扰，可采用相应的隔离措施，如隔热、密封、隔振等，或在将其变换为电量后对干扰信号进行分离或抑制，以减小其影响。

5. 稳定性处理

随着时间的推移和环境条件的变化，组成传感器的各种材料与元器件的性能会发生变化，导致传感器的性能不稳定。为了提高传感器的稳定性，应对材料、元器件或传感器整体进行必要的稳定性处理，如结构材料的时效处理、冰冷处理，永磁材料的时间老化、温度老化、机械老化及交流稳磁处理，电气元器件的老化筛选等。

1.4.2　开展基础理论研究

人们研究新原理、新材料、新工艺所取得的成果将产生更多优良的新型传感器，如光纤传感器、液晶传感器、以高分子有机材料为敏感元件的压敏传感器、微生物传感器等。各种仿生传感器和检测超高温、超低温、超高压、超高真空等极端参数的新型传感器，也是今后传感器技

术研究和发展的重要方向。

1. 寻找新原理

物理现象、化学反应和生物效应等各种定律或效应是传感器的工作基础,因此,发现新现象、新规律和新效应,寻找新原理,是开发新型传感器的重要途径。目前主要的研究动向包括:① 利用量子力学相关效应研制高灵敏传感器,用以检测微弱信号,如利用约瑟夫逊效应的热噪声温度传感器可测 10^{-6} K 的超低温,利用光子滞后效应可做出响应速度极快的红外传感器;② 利用化学反应或生物效应开发实用的化学传感器和生物传感器。

2. 开发新材料

传感器材料是实现传感器技术的重要物质基础。随着材料科学的进步,人们可以根据需要控制材料的成分,从而设计制造出可用于传感器的多种功能材料。近年来对用于传感器材料的开发有较大进展,用精制的功能材料来制造性能更加良好的传感器是今后的发展方向之一。

3. 采用新工艺

新工艺的采用也是发展新型传感器的重要途径。新工艺主要指与发展新型传感器联系特别紧密的微细加工技术,它是近年来随着集成电路工艺发展起来的,是离子束、电子束、分子束、激光束和化学蚀刻等用于微电子加工的技术,目前已越来越多地用于传感器领域,如溅射薄膜工艺、平面电子工艺、蒸镀、等离子刻蚀、化学气体沉积、外延、扩散、各向异性腐蚀、光刻等。利用溅射薄膜工艺可制造出快速响应的气敏传感器、湿敏传感器。

4. 探索新功能

探索新功能主要集中于传感器的多功能方面。多功能化即将多个功能不同的传感器元件集成在一起,使其能同时测量多个变量。多功能化不仅可以降低生产成本、减小传感器体积,而且可以有效地提高传感器的稳定性、可靠性等性能指标。多功能传感器除了能同时进行多种参数的测量外,还可以对这些参数的测量结果进行综合处理和评价,反映被测系统的整体状态。

1.4.3 传感器的集成化、智能化、网络化、微型化

向着集成化、智能化、网络化与微型化方向发展是传感器技术的重要发展趋势。

(1) 传感器的集成化一般有两种情况:相同功能的传感器集成化,形成线性传感器;不同功能的传感器集成化,组装成一个器件。

(2) 传感器的智能化体现为本身用微处理器作控制单元,利用计算机可编程的特点,使仪表内各个环节自动地协调工作,从而使得传感器兼有检测、判断、数据处理和故障诊断功能。智能化具有提高测量精度、增加功能和提高自动化程度三方面的作用。

(3) 传感器的网络化主要表现在两个方面:一是为了解决现场总线的多样性问题,IEEE 1451.2 工作组建立了智能传感器接口模块(STIM)标准,为传感器和各种网络之间的连接提供了条件和方便;二是以 IEEE 802.15.4(ZigBee)为基础的无线传感器网络技术得以迅速发展。

(4) 传感器的微型化指利用集成电路工艺和微组装工艺,基于各种物理效应将机械、电子

元器件集成在一个基片上。微传感器由于具有体积小、重量轻、功耗低和可靠性高等非常优越的技术指标而被广泛使用。

能力训练

1-1 什么是传感器？传感器一般由几部分组成？

1-2 传感器如何分类？

1-3 改善传感器技术性能的途径有哪些？

课外拓展

仔细想一想,生活中哪些地方用到了传感器？你可以列举几种传感器应用的例子,并指出按照传感器的分类方式,它们分别属于哪一种传感器吗？它们在应用中起到什么作用呢？

第2章 传感器的基本特性

学习目标

- 理解传感器静态特性、动态特性的基本概念
- 理解传感器数学模型、传感器静态特性的基本参数与指标
- 了解传感器静态、动态标定与校准的基本方法
- 会分析传感器的动态响应特性
- 会推导实现不失真测量的条件

实例导入

传感器的基本特性指传感器的输出-输入特性,是传感器内部结构参数作用关系的外部表现。

从系统角度来看,传感器就是一种系统。根据系统工程学理论,一个系统总可以用一个数学方程式或函数来描述。通常从传感器的静态输出-输入关系和动态输出-输入关系两个方面建立数学模型,由于输入量的状态不同,传感器所呈现的输出-输入特性也不同,因此存在所谓的静态特性和动态特性。

2.1 传感器的静态特性

传感器的静态特性指在稳态信号作用下的输出-输入特性,不含有时间变量。

衡量传感器静态特性的重要指标有线性度、灵敏度、迟滞、重复性、分辨率、稳定性和漂移等。

2.1.1 线性度

传感器的线性度(linearity)指传感器的输出与输入之间数量关系的线性程度。

系统的输出与输入关系可分为线性关系和非线性关系。理想的传感器输出-输入特性是线性的,方便理论分析、数据处理、制作标定和测试等;但实际遇到的传感器的输出-输入特性大多为非线性的,如果不考虑迟滞和蠕变等因素,传感器的输出和输入关系可用多项式来表示。

如果传感器非线性的幂次数不高,输入量变化范围较小,则可用一条直线近似地代表实际曲线的一段(切线或割线拟合、过零旋转拟合、端点平移拟合等,如图 2-1 所示),使得传感器输出-输入特性线性化。所采用的直线称为拟合直线。

采用直线拟合的方法来线性化时,输出-输入的实际特性曲线与拟合直线之间的最大偏差,称为非线性误差,通常用相对误差 γ_L 来表示:

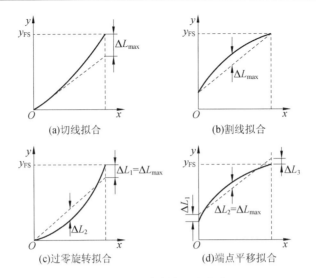

(a)切线拟合　　　　　　　(b)割线拟合

(c)过零旋转拟合　　　　　(d)端点平移拟合

图 2-1　几种直线拟合方法

$$\gamma_{\mathrm{L}} = \pm \frac{\Delta L_{\max}}{y_{\mathrm{FS}}} \times 100\% \tag{2-1}$$

式中：$\Delta L_{\max}$——最大线性绝对误差；

y_{FS}——满量程输出量。

由图 2-1 可见，即便是同类传感器，拟合直线不同，其线性度也不同。拟合方法很多，其中最小二乘法拟合精度最高，应用最广泛。

2.1.2　灵敏度

灵敏度（sensitivity）指传感器在稳态输入下输出量增量 Δy 与输入量增量 Δx 的比值，即

$$s = \frac{\Delta y}{\Delta x} \tag{2-2}$$

对于线性传感器，其灵敏度为静态特性曲线的斜率，即 s 为常数，如图 2-2(a)所示；对于非线性传感器，其灵敏度 s 为一变量，如图 2-2(b)所示，可用 $\mathrm{d}y/\mathrm{d}x$ 表示。由图可知，曲线越陡峭，灵敏度越大；越平坦，灵敏度越小。

灵敏度实质上是一个放大倍数，体现了传感器将被测量的微小变化放大为显著变化的输出信号的能力，即传感器对输入量微小变化的敏感程度。通常可以采用拟合直线的斜率表示传感器的平均灵敏度。

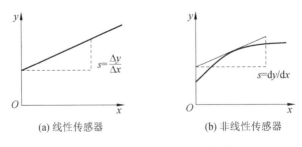

(a) 线性传感器　　　　　　(b) 非线性传感器

图 2-2　传感器灵敏度定义曲线

2.1.3 迟滞

传感器在正(输入量增大)、反(输入量减小)行程中输出与输入关系曲线不重合的现象称为迟滞(hysteresis),又称为回程误差,如图 2-3 所示。迟滞产生的原因主要是传感器敏感元件材料固有的物理性质和机械零部件的缺陷,比如传感器弹性元件的弹性滞后、运动部件的摩擦、传动机构的间隙、紧固件松动、内部积尘等。

迟滞大小一般由实验测得。迟滞误差 γ_H 一般以正反行程间的最大输出差值 ΔH_{max} 与满量程输出 y_{FS} 之比的百分数来表示,即

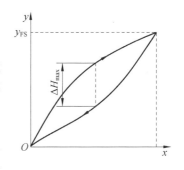

图 2-3 传感器的迟滞现象

$$\gamma_H = \frac{\Delta H_{max}}{y_{FS}} \times 100\% \qquad (2\text{-}3)$$

2.1.4 重复性

重复性(repeatability)指传感器在输入按同一方向做全量程连续多次变动时所得输出-输入特性曲线不一致的程度,如图 2-4 所示。

重复性误差 γ_R 属于随机误差,它反映的是测量结果偶然误差的大小,常用标准偏差表示,即采用输出最大不重复误差 ΔR_{max} 与满量程输出 y_{FS} 之比的百分数表示,为

$$\gamma_R = \pm \frac{\Delta R_{max}}{y_{FS}} \times 100\% \qquad (2\text{-}4)$$

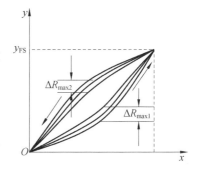

图 2-4 传感器的重复性曲线

2.1.5 稳定性与漂移

稳定性(stability)表示传感器在较长的时间内保持其性能参数的能力。

漂移(drift or shift)指传感器在输入量不变的情况下,输出量随时间变化的现象,也是影响传感器稳定性的重要指标。

漂移主要有三种情况:零点漂移、温度漂移和灵敏度漂移。其中,零点漂移(简称零漂)是传感器自身结构参数发生变化,导致在规定条件下,恒定输入在规定时间内的输出在标称范围最低值处(零点)发生变化;温度漂移(简称温漂)是工作过程中,周围环境温度的变化导致传感器输出发生变化的现象,当然,这类漂移也包括压力、湿度等其他因素变化导致的输出变化,但一般温度漂移最为常见。此外,还有传感器灵敏度在外界干扰情况下发生变化导致的输出变化,称为灵敏度漂移。一般传感器灵敏度越高,受外界干扰越大,它的稳定性就越差。

2.2 传感器的动态特性

传感器的动态特性指其输出量对随时间变化的输入量的响应特性。当输入量是时间的函

数时,输出量也是时间的函数,二者之间的关系即可用动态特性来表示。

一个动态特性好的传感器,其输出量随时间变化的规律可以再现输入量随时间变化的规律,即输出量与输入量具有相同的时间函数。但实际上由于传感器的敏感材料对不同的变化会表现出一定程度的惯性(如检测温度时存在热惯性),因此,输出量与输入量并不具有完全相同的时间函数。这种输出与输入间的差异称为动态误差,动态误差反映的是惯性延迟引起的附加误差。

传感器的动态误差包括两部分:一是输出量达到稳定状态后与理想输出量之间的误差;二是当输入量跃变时,输出量由一个稳态到另一个稳态之间过渡的误差。研究传感器的动态响应特性,实际上就是分析传感器的这两种动态误差。我们可以以动态测温问题为例来简单地理解一下传感器的动态特性。

把一支温度计从温度为 t_0 的环境中迅速插入一个温度为 $t(t>t_0)$ 的恒温水槽中(插入时间忽略不计),这时温度计温度从 t_0 突然上升到 t,而温度计反映出来的温度从 t_0 变化到 t 需要经历一段时间,即有一段过渡过程,如图 2-5 所示。

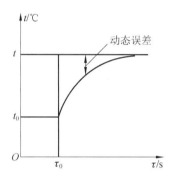

图 2-5 动态测温问题

温度计反映出来的温度与介质温度的差值称为动态误差。造成温度计输出波形失真和产生动态误差的原因就是温度计有热惯性和传热热阻,使得在动态测温时输出总是滞后于被测介质的温度变化。

热惯性是温度计固有的特性。实际上影响动态特性的"固有因素"任何传感器都有,只不过表现形式和作用程度不同而已。

传感器的动态特性可以从时域和频域两个方面分别采用瞬态响应法和频率响应法来分析。由于输入信号的时间函数形式多种多样,在研究时域特性时,只研究几种特定的输入时间函数,如阶跃函数、脉冲函数和斜坡函数等;在研究频域特性时,一般采用正弦函数。为了方便评价,一般采用最典型、简单的正弦信号和阶跃信号作为标准输入信号。对于正弦输入信号,传感器的响应称为频率响应或稳态响应;对于阶跃输入信号,传感器的响应则称为阶跃响应或瞬态响应。

2.2.1 传感器的数学模型及传递函数

传感器的理想动态特性要求:当输入量随时间变化时,输出量能立即随之无失真地变化。但实际的传感器总是存在弹性、惯性或者阻尼元件,导致输出量 $y(t)$ 不仅与输入量 $x(t)$ 有关,还与输入量的变化速度、加速度等有关。

在工程测试实践系统中,大多数检测系统属于线性时不变系统,因此,通常可以用线性时不变系统理论来描述传感器的动态特性。在数学上可以用常系数线性微分方程来表示传感器输出量 $y(t)$ 与输入量 $x(t)$ 之间的关系:

$$a_n \frac{\mathrm{d}^n y}{\mathrm{d}t^n} + a_{n-1} \frac{\mathrm{d}^{n-1} y}{\mathrm{d}t^{n-1}} + \cdots + a_1 \frac{\mathrm{d}y}{\mathrm{d}t} + a_0 y = b_m \frac{\mathrm{d}^m x}{\mathrm{d}t^m} + b_{m-1} \frac{\mathrm{d}^{m-1} x}{\mathrm{d}t^{m-1}} + \cdots + b_1 \frac{\mathrm{d}x}{\mathrm{d}t} + b_0 x$$

$$(2-5)$$

式中:$a_n, a_{n-1}, \cdots, a_0$ 和 $b_m, b_{m-1}, \cdots, b_0$——与系统结构参数有关的常数。

对式(2-5)进行拉氏变换,同时输入量、输出量及它们的各阶导数的初始值为 0,则有

$$Y(s)(a_n s^n + a_{n-1} s^{n-1} + \cdots + a_1 s + a_0) = X(s)(b_m s^m + b_{m-1} s^{m-1} + \cdots + b_1 s + b_0) \quad (2-6)$$

传递函数为

$$H(s) = \frac{Y(s)}{X(s)} = \frac{b_m s^m + b_{m-1} s^{m-1} + \cdots + b_1 s + b_0}{a_n s^n + a_{n-1} s^{n-1} + \cdots + a_1 s + a_0} \qquad (2-7)$$

2.2.2　频率响应函数

将式(2-7)进行傅里叶变换即可得到传感器的频率响应函数:

$$H(\mathrm{j}\omega) = \frac{Y(\mathrm{j}\omega)}{X(\mathrm{j}\omega)} = \frac{b_m (\mathrm{j}\omega)^m + b_{m-1} (\mathrm{j}\omega)^{m-1} + \cdots b_1 (\mathrm{j}\omega) + b_0}{a_n (\mathrm{j}\omega)^n + a_{n-1} (\mathrm{j}\omega)^{n-1} + \cdots + a_1 (\mathrm{j}\omega) + a_0}$$

$$= H_R(\omega) + \mathrm{j} H_I(\omega) \qquad (2-8)$$

式中:$H_R(\omega)$——$H(\mathrm{j}\omega)$ 的实部;

$\mathrm{j} H_I(\omega)$——$H(\mathrm{j}\omega)$ 的虚部。

$H(\mathrm{j}\omega)$ 是传递函数的特例,即 $s = \mathrm{j}\omega(\beta = 0)$。通常,频率响应函数 $H(\mathrm{j}\omega)$ 是一个复数,用指数表示为

$$H(\mathrm{j}\omega) = A(\omega) \mathrm{e}^{\mathrm{j}\varphi(\omega)} \qquad (2-9)$$

传感器的幅频特性为

$$A(\omega) = |H(\mathrm{j}\omega)| = \sqrt{[H_R(\omega)]^2 + [H_I(\omega)]^2} \qquad (2-10)$$

传感器的相频特性为

$$\varphi(\omega) = \arctan \frac{H_I(\omega)}{H_R(\omega)} \qquad (2-11)$$

2.2.3　传感器的动态特性分析

1. 瞬态响应(时间响应)特性

阶跃输入信号的函数表达式为

$$x(t) = \begin{cases} 0 & t \leqslant 0 \\ A_0 & t > 0 \end{cases} \qquad (2-12)$$

1) 一阶传感器的单位阶跃响应

在工程上,一阶传感器单位阶跃响应的通式为

$$\tau \frac{\mathrm{d}y(t)}{\mathrm{d}t} + y(t) = x(t) \qquad (2-13)$$

式中:τ——时间常数,一阶传感器输出量上升到稳态值的 63.2％所需的时间,其值越小,响应越快,响应曲线越接近于输入阶跃曲线,即动态误差越小。

$x(t)$、$y(t)$——传感器的输入量、输出量。

一阶传感器的单位阶跃响应($A_0 = 1, \dfrac{b_0}{a_0} = 1$)为

$$y = 1 - e^{-t/\tau} \tag{2-14}$$

一阶传感器的单位阶跃响应曲线如图 2-6 所示,可见,传感器存在惯性,输出信号不能立即复现输入信号。

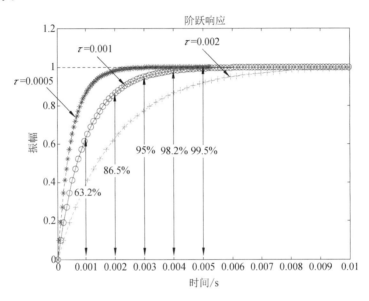

图 2-6　一阶传感器的单位阶跃响应曲线

2) 二阶传感器的单位阶跃响应

二阶传感器的单位阶跃响应通式为

$$\frac{d^2 y(t)}{dt^2} + 2\zeta\omega_n \frac{dy(t)}{dt} + \omega_n^2 y(t) = \omega_n^2 x(t) \tag{2-15}$$

式中:ω_n——传感器的固有频率;

ζ——传感器的阻尼比。

二阶传感器对单位阶跃信号的响应在很大程度上取决于阻尼比 ζ 和固有频率 ω_n,其响应曲线如图 2-7 所示。

(1) $0 < \zeta < 1$(欠阻尼),衰减振荡,达到稳态所需的时间随 ζ 的减小而增大。实际使用时常按照欠阻尼调整,ζ 取 0.707 为最好。

$$y(t) = S_n \left[1 - \frac{e^{-\zeta\omega_n t}}{\sqrt{1 - \zeta^2}} \sin\left(\omega_n t \sqrt{1 - \zeta^2} + \varphi\right) \right] \tag{2-16}$$

$$\varphi = \arcsin \sqrt{1 - \zeta^2} \tag{2-17}$$

式中:S_n——传感器的灵敏度,$S_n = \dfrac{b_0}{a_0}$。

(2) $\zeta = 0$(零阻尼),输出变成等幅振荡,超调量为 100％,达不到稳态,即

$$y(t) = S_n[1 - \sin(\omega_n t + \varphi)] \tag{2-18}$$

(3) $\zeta = 1$（临界阻尼），响应时间最短。

$$y(t) = S_n[1 - \mathrm{e}^{-\omega_n t}(1 + \omega_n t)] \tag{2-19}$$

(4) $\zeta > 1$（过阻尼），无超调也无振荡，但达到稳态所需时间较长。

$$y = S_n\left[1 - \frac{\zeta + \sqrt{\zeta^2 - 1}}{2\sqrt{\zeta^2 - 1}}\mathrm{e}^{(-\zeta + \sqrt{\zeta^2 - 1})\omega_n t} + \frac{\zeta - \sqrt{\zeta^2 - 1}}{2\sqrt{\zeta^2 - 1}}\mathrm{e}^{(-\zeta - \sqrt{\zeta^2 - 1})\omega_n t}\right] \tag{2-20}$$

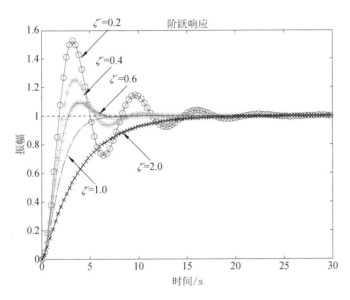

图 2-7　二阶传感器的单位阶跃响应曲线

瞬态响应特性的相关指标如图 2-8 所示。

(1) 延迟时间 t_d：传感器输出量达到稳态值的 50% 所需的时间。

(2) 上升时间 t_r：传感器输出量达到稳态值的 90% 所需的时间。

(3) 峰值时间 t_p：二阶传感器输出响应曲线达到第一个峰值所需的时间。

(4) 稳定（响应）时间 t_s：二阶传感器从输入量开始起作用到输出量指示值进入稳态值所规定的范围内所需要的时间。

(5) 超调量 σ：二阶传感器输出量第一次达到稳态值后又超出稳态值而出现的最大偏差，即二阶传感器输出量超过稳态值的最大值。常用相对于最终稳定值的百分数来表示。超调量越小越好。

2. 频率响应特性

1) 一阶传感器的频率响应

一阶传感器的微分方程为

$$a_1\frac{\mathrm{d}y(t)}{\mathrm{d}t} + a_0 y(t) = b_0 x(t) \tag{2-21}$$

将式（2-21）两边同时除以 a_0，得到

$$\frac{a_1}{a_0}\frac{\mathrm{d}y(t)}{\mathrm{d}t} + y(t) = \frac{b_0}{a_0}x(t)$$

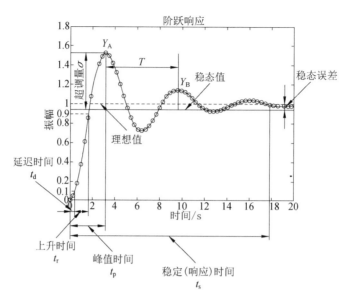

图 2-8 瞬态响应特性的相关指标

或者写成

$$\tau \frac{\mathrm{d}y(t)}{\mathrm{d}t} + y(t) = S_n x(t) \tag{2-22}$$

式中：τ——时间常数，$\tau = \dfrac{a_1}{a_0}$；

S_n——传感器的灵敏度，$S_n = \dfrac{b_0}{a_0}$，只起到使输出量增加 S_n 倍的作用。为方便起见，令 $S_n = 1$。

传递函数为

$$H(s) = \frac{1}{\tau s + 1} \tag{2-23}$$

频率响应特性为

$$H(\mathrm{j}\omega) = \frac{1}{\mathrm{j}\omega\tau + 1} \tag{2-24}$$

幅频特性为

$$A(\omega) = \frac{1}{\sqrt{1 + (\omega\tau)^2}} \tag{2-25}$$

相频特性为

$$\varphi(\omega) = -\arctan\omega\tau \tag{2-26}$$

图 2-9 所示为一阶传感器的频率响应特性曲线。

2) 二阶传感器的频率响应

很多传感器，如振动传感器、压力传感器等属于二阶传感器。二阶传感器系统为质量-弹簧-阻尼系统。

二阶传感器系统的微分方程通式为

$$a_2 \frac{\mathrm{d}^2 y(t)}{\mathrm{d}t^2} + a_1 \frac{\mathrm{d}y(t)}{\mathrm{d}t} + a_0 y(t) = a_0 x(t) \tag{2-27}$$

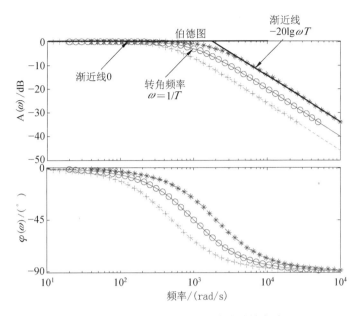

图 2-9　一阶传感器的频率响应特性曲线

传递函数为

$$H(s) = \frac{\omega_n^2}{s^2 + 2\zeta\omega_n s + \omega_n^2} \tag{2-28}$$

频率响应特性为

$$H(j\omega) = \frac{1}{\left[1 - \left(\dfrac{\omega}{\omega_n}\right)^2\right] + 2j\zeta\left(\dfrac{\omega}{\omega_n}\right)} \tag{2-29}$$

幅频特性为

$$A(\omega) = \frac{1}{\sqrt{\left[1 - \left(\dfrac{\omega}{\omega_n}\right)^2\right]^2 + \left[2\zeta\left(\dfrac{\omega}{\omega_n}\right)\right]^2}} \tag{2-30}$$

相频特性为

$$\varphi(\omega) = -\arctan\frac{2\zeta\left(\dfrac{\omega}{\omega_n}\right)}{1 - \left(\dfrac{\omega}{\omega_n}\right)^2} \tag{2-31}$$

式中：ω_n——传感器的固有频率，$\omega_n = \sqrt{a_0/a_2}$；

　　　ζ——传感器的阻尼比，$\zeta = a_1/(2\sqrt{a_0 a_2})$。

图 2-10 所示为二阶传感器的频率响应特性曲线。

由图 2-10 可知，当 $0 < \zeta < 1$（欠阻尼）时，$\omega_n \gg \omega$，$A(\omega) \approx 1$（常数），$\varphi(\omega)$ 很小，$\varphi(\omega) \approx -2\zeta\dfrac{\omega}{\omega_n}$，即相位差与频率 ω 呈线性关系，此时，系统的输出量 $y(t)$ 真实准确地再现输入量 $x(t)$ 的波形。

在 $\omega = \omega_n$ 附近，系统发生共振，幅频特性受阻尼比影响极大，实际测量时应避免此情况。

由此可知：为了使测试结果能准确地再现被测信号的波形，在设计传感器时，必须使其阻

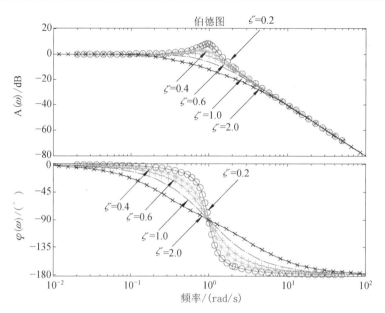

图 2-10 二阶传感器的频率响应特性曲线

尼比 $\zeta < 1$,固有频率 ω_n 应不小于被测信号频率 ω 的 $3\sim5$ 倍,即 $\omega_n \geqslant (3\sim5)\omega$。

在实际测试中,被测信号为非周期信号时,可将其分解为各次谐波,从而得到其频谱。如果传感器的固有频率 ω_n 不小于被测信号谐波中最高频率 ω_{max} 的 $3\sim5$ 倍,则可以保证动态测试精度。实践证明,如果被测信号的波形与正弦波相差不大,则被测信号谐波中最高频率 ω_{max} 可以用其基频的 $2\sim3$ 倍代替。因此,选用和设计传感器时,保证传感器固有频率 ω_n 不小于被测信号基频 ω 的 10 倍即可,即

$$\omega_n \geqslant 10\omega \tag{2-32}$$

能力训练

2-1 什么是传感器的静态特性?描述传感器静态特性的主要指标有哪些?

2-2 某线性位移测量仪,当被测位移由 4.5 mm 变为 5.0 mm 时,位移测量仪的输出电压由 3.5 V 减至 2.5 V,求该位移测量仪的灵敏度。

2-3 什么是传感器的动态特性?如何分析传感器的动态特性?描述传感器动态特性的主要指标有哪些?

2-4 某测温系统由铂电阻温度传感器、电桥、放大器和记录仪四部分构成,各自的灵敏度分别为 0.4 $\Omega/℃$、0.01 V/Ω、100(放大倍数)、0.1 cm/V。(1)求该测温系统的总灵敏度;(2)求记录仪笔尖移动 4 cm 时所对应的温度变化值。

2-5 某温度传感器为时间常数 $\tau = 3$ s 的一阶系统,当传感器受突变温度作用后,试求传感器指示出温差的 1/3 和 1/2 所需的时间。

2-6 若一阶传感器的时间常数为 0.01 s,传感器响应的幅值误差在 10% 内,试求此时输入信号的工作频率范围。

2-7 设一力传感器可以简化成典型的质量-弹簧-阻尼二阶系统。已知该传感器的固有频率 $f_0 = 1000$ Hz,若其阻尼比 $\zeta = 0.7$,试问用它测量频率分别为 600 Hz、400 Hz 的正弦信号时,其输出量与输入量幅值比 $A(\omega)$ 和相位差 $\varphi(\omega)$ 各为多少?

2-8 某一质量-弹簧-阻尼二阶系统在阶跃信号激励下,出现的超调量大约是最终稳态值的 40%,如果从阶跃输入量开始至超调量出现所需的时间为 0.8 s,试估算该传感器的阻尼比和固有频率的大小。

课外拓展

人们从生活实践中总结出"响鼓不用重槌敲"的经验,试说明其中所包含的测量学机理。从中你还得到什么启示?

第3章 电阻式传感器

> **学习目标**
>
> - 掌握应变效应的工作原理
> - 了解应变片的种类和结构
> - 理解应变片的温度误差及其补偿方法
> - 掌握电桥的工作原理
> - 熟悉电阻式传感器的典型应用

实例导入

电子秤具有称重精确度高、简单实用、携带方便、成本低、分辨率高、不易损坏等优点。我们如何制作电子秤呢？如何进行类似的力的测量呢？

3.1 工作原理

电阻式传感器将被测量转换成敏感材料的电阻变化,通过测量电阻达到测量被测量的目的。在物理学中已经阐明,导电材料的电阻不仅与材料的类型、几何尺寸有关,还与温度、湿度和变形等因素有关;不同的导电材料,对同一被测量的敏感程度也不同,甚至差别很大。因此,根据不同的物理影响因素就制成了各种各样的电阻式传感器,用于测量力、压力、位移、应变、加速度、温度等。本章主要介绍应变式电阻传感器。

3.1.1 应变效应

应变式电阻传感器一般由电阻应变片和测量电路两部分组成。电阻应变片是将被测试件上的应力、应变变化转化成电阻变化的传感转换元件,而测量电路则进一步将该电阻变化再转换成电压或电流的变化,以便显示或记录被测量的大小。

金属导体的电阻与其电阻率、几何尺寸(长度与截面积)有关。金属导体在外力作用下发生机械变形时,其电阻会发生变化。这种由变形引起金属导体电阻变化的现象称为电阻应变效应。电阻应变片的工作原理就是基于电阻应变效应,建立金属导体电阻变化与变形之间的量值关系,即求取电阻应变片的灵敏系数。

图 3-1 所示为金属电阻丝的电阻应变效应示意图。

长度为 L、截面积为 A、电阻率为 ρ 的金属电阻丝,在未受外力作用时原始电阻值为

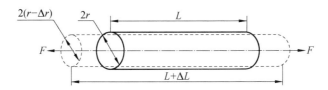

图 3-1　金属电阻丝的电阻应变效应示意图

$$R = \rho \frac{L}{A} \tag{3-1}$$

当受到轴向拉力 F 作用时，其长度伸长 ΔL，截面积相应减小 ΔA，电阻率 ρ 则因晶格变形等因素的影响而改变 $\Delta \rho$，故引起电阻变化 ΔR。

对式(3-1)全微分可得

$$\frac{\Delta R}{R} = \frac{\Delta L}{L} - \frac{\Delta A}{A} + \frac{\Delta \rho}{\rho} \tag{3-2}$$

式中：$\Delta L/L$——金属电阻丝的轴向相对伸长量，称为轴向应变，用 ε 表示，是一个无量纲的量。

因为 $A = \pi r^2$，$\Delta A/A = 2(\Delta r/r)$，$\Delta r/r$ 为径向应变，由材料学可知 $\Delta r/r = -\mu(\Delta L/L)$，负号表示二者的变化方向相反，代入式(3-2)得

$$\frac{\Delta R}{R} = (1 + 2\mu)\varepsilon + \frac{\Delta \rho}{\rho} = S_0 \varepsilon \tag{3-3}$$

式中：μ——金属电阻丝的泊松比；

S_0——金属电阻丝的灵敏系数，即单位应变引起的电阻值相对变化量，可表示为

$$S_0 = \frac{\Delta R/R}{\varepsilon} = (1 + 2\mu) + \frac{\Delta \rho/\rho}{\varepsilon} \tag{3-4}$$

式中：$(1 + 2\mu)$——自由几何尺寸发生变形而引起的电阻相对变化量；

$\dfrac{\Delta \rho/\rho}{\varepsilon}$——电阻率变化而引起的电阻相对变化量。

为了保证将应变变化转化为电阻变化时具有足够的线性范围和灵敏度，要求 S_0 在相应的应变范围内具有较大的常数值。

对于金属导体材料，$\Delta \rho/\rho$ 较小，且 $\mu = 0.2 \sim 0.4$，则 $S_0 \approx 1 + 2\mu = 1.4 \sim 1.8$；实际测得 $S_0 = 2.0$，说明 $\Delta \rho/\rho$ 对 S_0 还是有一定影响的。

在应变极限范围内，金属电阻丝的相对变化量与应变成正比，即

$$\frac{\Delta R}{R} = S_0 \varepsilon \tag{3-5}$$

3.1.2　电阻应变片的种类和结构

电阻应变片按照敏感栅材料形状和制造工艺的不同，可分为丝绕式应变片、短接式应变片、箔式应变片和薄膜式应变片等多种类型。

1. 丝绕式应变片

丝绕式应变片的结构如图 3-2 所示。敏感栅由康铜等高阻值的金属电阻丝制成，直径为 $0.012 \sim 0.05$

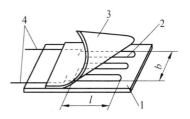

图 3-2　丝绕式应变片的结构
1—基底；2—敏感栅；3—覆盖层；4—引线

mm,栅长常取 0.2 mm、0.5 mm、1.0 mm、100 mm、200 mm 等尺寸。这种应变片制造方便,价格低廉,为最常见形式,但敏感栅端部圆弧段会产生横向效应。

2.短接式应变片

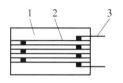

图 3-3 短接式应变片的结构
1—基底;2—敏感栅;3—引线

短接式应变片的结构如图 3-3 所示。敏感栅也由康铜等高阻值的金属电阻丝制成,敏感栅各直线段间的横接线采用表面积较大的铜导线,其电阻值很小,因而可减小横向效应。但是,由于敏感栅焊点较多,因此其耐疲劳性较差,不适于长期的动应力测量。

3.箔式应变片

箔式应变片的结构如图 3-4(a)所示。敏感栅由很薄的康铜、镍铬合金等金属箔片通过光刻、腐蚀等工艺制成,厚度为 0.003～0.01 mm,栅长可做到 0.2 mm,其优点如下。

(1)制造技术能保证敏感栅尺寸准确、线条均匀、可制成各种形状(亦称应变花),适用于测量各种弹性敏感元件上的应力分布,图 3-4(b)和图 3-4(c)分别为用于扭矩和流体压力测量的箔式应变片。

(2)敏感栅薄而宽,与被测试件粘贴面积大,黏结牢靠,传递试件应变性能好。

(3)散热条件好,允许通过较大的工作电流,从而提高了输出灵敏度。

(4)横向效应小。

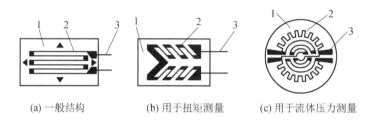

(a)一般结构   (b)用于扭矩测量   (c)用于流体压力测量

图 3-4 箔式应变片的结构
1—基底;2—敏感栅;3—引线

4.薄膜式应变片

薄膜式应变片的特点是利用真空蒸镀、沉积或溅射等方法在绝缘基底上制成各种形状的薄膜敏感栅,厚度小于 1 μm。这种应变片的优点是应变灵敏系数大,允许电流密度大,可以在 -197～317 ℃下工作。

3.1.3 电阻应变片的温度误差及其补偿

1.温度误差

在采用电阻应变片进行应变测量时,测量现场环境温度的改变(偏离应变片标定温度)给测量带来的附加误差,称为应变片的温度误差,又称为应变片的热输出。应变片产生温度误差的主要原因如下。

(1)敏感栅材料电阻温度系数的影响。

设敏感栅材料电阻温度系数为 α_t,当环境温度变化 Δt 时,引起的电阻相对变化为

$$\left(\frac{\Delta R_t}{R}\right)_1 = \alpha_t \Delta t \tag{3-6}$$

（2）被测试件材料和敏感栅材料线膨胀系数的影响。

当被测试件材料与敏感栅材料的线膨胀系数不同时，由于环境温度的变化，敏感栅会产生附加变形，从而产生附加电阻，引起的电阻相对变化为

$$\left(\frac{\Delta R_t}{R}\right)_2 = S(\beta_1 - \beta_2)\Delta t \tag{3-7}$$

式中：S——应变片的灵敏系数；

β_1、β_2——被测试件材料和敏感栅材料的线膨胀系数。

因此，由温度变化引起的总电阻相对变化为

$$\frac{\Delta R_t}{R} = \alpha_t \Delta t + S(\beta_1 - \beta_2)\Delta t \tag{3-8}$$

相应的温度误差为

$$\varepsilon_t = \frac{\Delta R_t/R}{S} = \frac{\alpha_t}{S}\Delta t + (\beta_1 - \beta_2)\Delta t \tag{3-9}$$

2. 温度补偿

1）自补偿法

利用改变应变片的敏感栅材料及制造工艺等措施，使应变片在一定的温度范围内满足

$$\alpha_t = -S(\beta_1 - \beta_2) \tag{3-10}$$

当被测试件的线膨胀系数 β_1 已知时，如果合理选择敏感栅材料（即电阻温度系数 α_t、灵敏系数 S 和线膨胀系数 β_2）使式（3-10）成立，则无论温度如何变化，均有 $\Delta R_t/R = 0$，从而达到温度自补偿。这种方法称为自补偿法。这种应变片称为温度自补偿应变片。

采用双金属敏感栅是实现温度自补偿的常用方法。利用两段电阻温度系数相反的敏感栅 R_a 和 R_b 串联制成复合型应变片，如图 3-5（a）所示，若两段敏感栅随温度变化而产生的电阻变化 R_{at} 和 R_{bt} 大小相同、符号相反，就可实现温度自补偿。

$$\frac{R_a}{R_b} = \frac{-(\Delta R_{bt}/R_b)}{\Delta R_{at}/R_a} \tag{3-11}$$

若双金属敏感栅材料的电阻温度系数相同，则如图 3-5（b）所示，在两种材料的连接处焊接引线 2，构成电桥的相邻臂，如图 3-5（c）所示。图中，R_a 为工作臂，R_b 与外接电阻 R_B 组成补偿臂，适当调整 R_a 和 R_b 对应的长度和外接电阻 R_B 的数值，就可以使两桥臂温度变化引起的电阻变化相等或接近，实现温度自补偿，即

$$\frac{\Delta R_{at}}{R_a} = \frac{\Delta R_{bt}}{R_b + R_B}$$

由此可得

$$R_B = R_a \frac{\Delta R_{bt}}{\Delta R_{at}} - R_b \tag{3-12}$$

2）电桥补偿法

利用测量电桥的特点来进行温度补偿，是最常用且效果较好的补偿方法，如图 3-6 所示。图 3-6（a）中 R_1 为工作应变片，粘贴在被测试件上；R_2 为温度补偿应变片，粘贴在材料、温度与被测试件相同的补偿块上，且温度补偿应变片 R_2 和工作应变片 R_1 完全相同，为同一批次生产的。将 R_1 和 R_2 用作电桥的两个相邻桥臂，如图 3-6（b）所示（R_3 和 R_4 为固定电阻）。当温度变化时两个应变片的电阻变化 ΔR_1 和 ΔR_2 符号相同，数值相等，电桥仍满足平衡条件，即

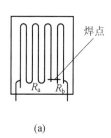 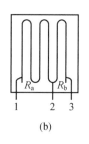 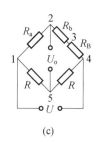

图 3-5　自补偿法

$R_1 R_4 = R_2 R_3$，电桥没有输出。工作时只有工作应变片 R_1 感受应变，电桥输出仅与被测试件的应变有关，而与环境、温度无关。

通常，在被测试件结构允许的情况下，不用另设补偿块，而将温度补偿应变片直接粘贴在被测试件上，如图 3-6(c)所示，既能起温度补偿作用，又能提高电桥灵敏度。

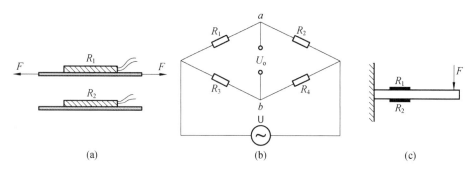

图 3-6　电桥补偿法

3.2　测量电路

电桥是将电阻、电感、电容等电参量的变化转换为电压或电流输出的一种测量电路，其输出既可用指示仪表直接测量，也可以经放大器放大后再测量。由于电桥测量电路简单，具有较高的精确度和灵敏度，能预调平衡，易消除温度及环境的影响，因此在测量系统中被广泛采用。

按照所采用的电源不同，电桥可分为直流电桥和交流电桥，直流电桥和交流电桥结构相似；按照输出测量方式不同，电桥可分为不平衡电桥和平衡电桥。随着集成电源电路的发展，直流电桥的应用日益广泛。

3.2.1　直流电桥

1. 直流电桥的工作原理

图 3-7 所示是直流电桥的基本形式。R_1、R_2、R_3、R_4 称为桥臂电阻，e_0 为供桥直流电压源。

当电桥输出端 b、d 接入输入阻抗较大的仪表或放大器时，可视为开路，输出电流为零，输出电压为 e_y。此时桥路电流分别为

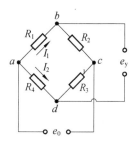

图 3-7　直流电桥

$$I_1 = \frac{e_0}{R_1 + R_2}$$

$$I_2 = \frac{e_0}{R_3 + R_4}$$

a、b 之间与 a、d 之间的电位差分别为

$$U_{ab} = I_1 R_1 = \frac{R_1}{R_1 + R_2} e_0$$

$$U_{ad} = I_2 R_4 = \frac{R_4}{R_3 + R_4} e_0$$

输出电压为

$$e_y = U_{ab} - U_{ad} = \left(\frac{R_1}{R_1 + R_2} - \frac{R_4}{R_3 + R_4}\right) e_0 = \frac{R_1 R_3 - R_2 R_4}{(R_1 + R_2)(R_3 + R_4)} e_0 \qquad (3\text{-}13)$$

由式(3-13)可知,欲使输出电压为零,即电桥平衡,应满足

$$R_1 R_3 = R_2 R_4 \qquad (3\text{-}14)$$

式(3-14)是直流电桥平衡条件。适当选择各电阻值,可使电桥测量前满足平衡条件,输出电压 $e_y = 0$。

若桥臂电阻 R_1(如电阻应变片)产生变化 ΔR,则输出电压为

$$e_y = \left(\frac{R_1 + \Delta R}{R_1 + \Delta R + R_2} - \frac{R_4}{R_3 + R_4}\right) e_0 \qquad (3\text{-}15)$$

实际的测量电桥往往取四个桥臂的初始电阻相同,即

$$R_1 = R_2 = R_3 = R_4 = R$$

称为全等臂电桥。此时式(3-15)可写成

$$e_y = \frac{\Delta R}{2\Delta R + 4R} e_0 \qquad (3\text{-}16)$$

一般情况下 $\Delta R \ll R$,故可忽略分母中的 $2\Delta R$ 项,则

$$e_y = \frac{1}{4} \frac{\Delta R}{R} e_0 \qquad (3\text{-}17)$$

式(3-17)表明,电桥输出电压与电桥电源电压成正比,在 $\Delta R \ll R$ 的条件下,电桥输出电压也和桥臂电阻的变化率 $\Delta R / R$ 成正比。

若电桥初始处于平衡状态,当各桥臂电阻均发生不同程度的微小变化 ΔR_1、ΔR_2、ΔR_3 和 ΔR_4 时,电桥就会失去平衡,此时输出电压为

$$e_y = \frac{(R_1 + \Delta R_1)(R_3 + \Delta R_3) - (R_2 + \Delta R_2)(R_4 + \Delta R_4)}{(R_1 + \Delta R_1 + R_2 + \Delta R_2)(R_3 + \Delta R_3 + R_4 + \Delta R_4)} e_0 \qquad (3\text{-}18)$$

式(3-18)为电桥输出电压与各桥臂电阻变化量的一般关系。由于 $\Delta R \ll R$,忽略分母中的 ΔR 项和分子中 ΔR 的高次项,对于最常用的全等臂电桥,式(3-18)可写为

$$e_y = \frac{e_0}{4R}(\Delta R_1 - \Delta R_2 + \Delta R_3 - \Delta R_4) \qquad (3\text{-}19)$$

直流电桥的主要优点是所需要的高稳定直流电源较易获得;电桥输出的是直流量,可以用直流仪表测量,精度较高;对传感器至测量仪表的连接导线要求较低;电桥的预调平衡电路简单,仅需对纯电阻加以调整即可。直流电桥的缺点是直流放大器比较复杂,易受零漂和接低地位的影响。

2.直流电桥的连接方式

在测试技术中,一般根据工作时电阻值参与变化的桥臂数,将直流电桥按连接方式分为单臂电桥、差动半桥和差动全桥三种,如图3-8所示。

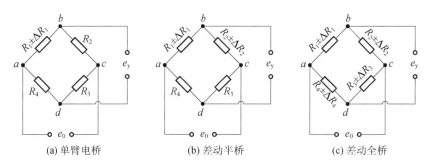

(a) 单臂电桥   (b) 差动半桥   (c) 差动全桥

图3-8 直流电桥的连接方式

设图中均为全等臂电桥(如四个电桥分别接入名义电阻相等的应变片),且电桥初始平衡。下面根据式(3-19)讨论三种连接方式的输出电压。

1) 单臂电桥

如图3-8(a)所示,工作电桥的一个桥臂 R_1 的阻值随被测量变化而变化,其余桥臂均为固定电阻。当 R_1 的阻值变化 $\Delta R_1 = \Delta R$ 时,电桥输出电压为

$$e_y = \frac{1}{4} \frac{\Delta R}{R} e_0 \qquad (3\text{-}20)$$

2) 差动半桥

如图3-8(b)所示,工作电桥的两个桥臂阻值随被测量变化而变化,且变化方向为 $R_1 \pm \Delta R_1$、$R_2 \mp \Delta R_2$。当 $\Delta R_1 = \Delta R_2 = \Delta R$ 时,电桥输出电压为

$$e_y = \frac{1}{2} \frac{\Delta R}{R} e_0 \qquad (3\text{-}21)$$

3) 差动全桥

如图3-8(c)所示,工作电桥的四个桥臂阻值随被测量变化而变化,且变化方向为 $R_1 \pm \Delta R_1$、$R_2 \mp \Delta R_2$、$R_3 \pm \Delta R_3$、$R_4 \mp \Delta R_4$。当 $\Delta R_1 = \Delta R_2 = \Delta R_3 = \Delta R_4 = \Delta R$ 时,电桥输出电压为

$$e_y = \frac{\Delta R}{R} e_0 \qquad (3\text{-}22)$$

对于图3-8,定义电桥灵敏度 K 为电桥输出电压与电桥一个桥臂的电阻变化率之比,即

$$K = \frac{e_y}{\Delta R / R} \qquad (3\text{-}23)$$

由此可见,电桥的连接方式不同,其灵敏度也不同,差动半桥的灵敏度比单臂电桥灵敏度高一倍,差动全桥的灵敏度最高。

3.直流电桥的加减特性与应用

由式(3-19)可知:相邻桥臂电阻的阻值变化方向相反、相对桥臂电阻的阻值变化方向相同时,电桥输出反映相加的结果;而相邻桥臂电阻的阻值变化方向相同、相对桥臂电阻的阻值变化方向相反时,电桥输出反映相减的结果。这就是直流电桥的加减特性。这一重要特性是合理布置应变片,进行温度补偿,提高电桥灵敏度的依据。

例 3-1　电桥温度补偿。如图 3-9 所示,欲测量作用在试件上的力 F,采用两个敏感元件材料、原始阻值和灵敏系数都相同的应变片 R_1 和 R_2。R_1 贴在试件的测点上,R_2 贴在与试件材质相同的不受力的补偿块上。R_1 和 R_2 处在相同温度场中,并按图 3-10 所示接入电桥作为相邻臂。

当试件受力且环境温度变化 Δt 时,应变片 R_1 的电阻变化率为

$$\frac{\Delta R_1}{R_1} = \frac{\Delta R_{1F}}{R_1} + \frac{\Delta R_{1t}}{R_1}$$

式中:$\dfrac{\Delta R_{1F}}{R_1}$——由力 F 引起的 R_1 的电阻变化率;

$\dfrac{\Delta R_{1t}}{R_1}$——由温度变化引起的 R_1 的电阻变化率。

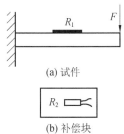

(a) 试件

(b) 补偿块

图 3-9　用补偿块实现温度补偿

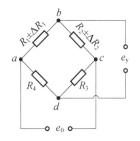

图 3-10　电桥连接方式

应变片 R_2(也称为温度补偿片)只有温度变化引起的电阻变化率,即

$$\frac{\Delta R_2}{R_2} = \frac{\Delta R_{2t}}{R_2}$$

因为

$$\frac{\Delta R_{1t}}{R_1} = \frac{\Delta R_{2t}}{R_2}$$

所以

$$e_y = \frac{1}{4}\left(\frac{\Delta R_1}{R_1} - \frac{\Delta R_2}{R_2}\right)e_0 = \frac{1}{4}\left(\frac{\Delta R_{1F}}{R_1} + \frac{\Delta R_{1t}}{R_1} - \frac{\Delta R_{2t}}{R_2}\right)e_0 = \frac{1}{4}\frac{\Delta R_{1F}}{R_1}e_0$$

这样便消除了温度的影响,减少了测量的误差,这种电桥温度补偿法在常温测量中经常使用。

例 3-2　在半桥测量中利用加减特性提高测量灵敏度。测量如图 3-11 所示的试件时,应变片 R_1 和 R_2 分别贴于试件的上下两表面,并按图 3-5 所示电桥接线。在弯矩 M 的作用下,上面的应变片 R_1 产生拉应变,下面的应变片 R_2 产生压应变,即

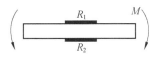

图 3-11　半桥测量试件

$$\frac{\Delta R_{1M}}{R_1} = -\frac{\Delta R_{2M}}{R_2}$$

其中"$-$"表示方向相反。

R_1 和 R_2 由温度引起的电阻变化率相同,即

$$\frac{\Delta R_{1t}}{R_1} = \frac{\Delta R_{2t}}{R_2}$$

由式(3-19)可得

$$e_y = \frac{1}{4}\left(\frac{\Delta R_1}{R_1} - \frac{\Delta R_2}{R_2}\right)e_0 = \frac{1}{2}\frac{\Delta R_{1M}}{R_1}e_0$$

与单臂电桥相比,输出增加了一倍,且实现了温度补偿。

例 3-3 如图 3-12 所示,应变片 R_1 和 R_3 贴在试件上表面,R_2 和 R_4 贴在试件的下表面,并连接成全等臂电桥。

试件受弯矩 M 作用,并考虑环境温度变化,各桥臂电阻变化率为

$$\frac{\Delta R_{1M}}{R_1} = -\frac{\Delta R_{2M}}{R_2} = \frac{\Delta R_{3M}}{R_3} = -\frac{\Delta R_{4M}}{R_4}$$

$$\frac{\Delta R_{1t}}{R_1} = \frac{\Delta R_{2t}}{R_2} = \frac{\Delta R_{3t}}{R_3} = \frac{\Delta R_{4t}}{R_4}$$

代入式(3-19)得

$$e_y = \frac{\Delta R_{1M}}{R_1}e_0$$

这样不仅实现了温度补偿,而且电桥的输出为单臂电桥测量时的四倍,大大提高了测量的灵敏度。

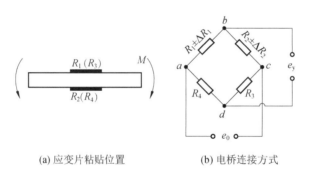

(a) 应变片粘贴位置   (b) 电桥连接方式

图 3-12 全桥测量

3.2.2 交流电桥

交流电桥的基本形式如图 3-13 所示,其激励电压 e_0 采用交流电压,电桥的四个桥臂可以是纯电阻,也可以是包含电容、电感的交流阻抗。若阻抗、电流和电压都用复数表示,则直流电桥的平衡关系在交流电桥中也适用,即交流电桥的平衡必须满足

$$Z_1 Z_3 = Z_2 Z_4 \qquad (3-24)$$

复阻抗中包含幅值和相位的信息,可以用指数形式表示各阻抗,分别为

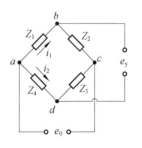

图 3-13 交流电桥

$$Z_1 = Z_{01}e^{j\varphi_1} \qquad Z_2 = Z_{02}e^{j\varphi_2}$$

$$Z_3 = Z_{03}e^{j\varphi_3} \qquad Z_4 = Z_{04}e^{j\varphi_4}$$

代入式(3-24),得

$$Z_{01}Z_{03}e^{j(\varphi_1+\varphi_3)} = Z_{02}Z_{04}e^{j(\varphi_2+\varphi_4)} \qquad (3-25)$$

式中:Z_{01}、Z_{02}、Z_{03}、Z_{04}——各阻抗的模;

φ_1、φ_2、φ_3、φ_4——阻抗角,是桥臂电压与电流之间的相位差。

采用纯电阻时,电流与电压同相位,$\varphi=0$;采用电感性阻抗时,电压超前于电流,$\varphi>0$(纯电感 $\varphi=90°$);采用电容性阻抗时,电压滞后于电流,$\varphi<0$(纯电容 $\varphi=-90°$)。

若要使式(3-25)成立,必须同时满足

$$\begin{cases} Z_{01}Z_{03} = Z_{02}Z_{04} \\ \varphi_1 + \varphi_3 = \varphi_2 + \varphi_4 \end{cases} \tag{3-26}$$

式(3-26)表明,交流电桥平衡必须满足两个条件:相对两臂阻抗之模的乘积应相等,并且它们的阻抗角之和也必须相等。前者称为交流电桥模的平衡条件,后者称为相位平衡条件。

图 3-14 所示是一种常用的电容电桥,相邻两臂为纯电阻 R_2、R_3,另外相邻两臂为电容 C_1、C_4,R_1、R_4 为电容介质损耗的等效电阻。由式(3-26)得

$$(R_1 + \frac{1}{j\omega C_1})R_3 = (R_4 + \frac{1}{j\omega C_4})R_2$$

即

$$R_1R_3 + \frac{R_3}{j\omega C_1} = R_2R_4 + \frac{R_2}{j\omega C_4} \tag{3-27}$$

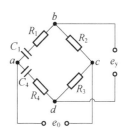

图 3-14 电容电桥

令式(3-27)的实部和虚部分别相等,则

$$R_1R_3 = R_2R_4$$

$$\frac{R_3}{C_1} = \frac{R_2}{C_4}$$

由此可知,欲使该电容电桥达到平衡,必须满足两个条件,即电阻平衡条件和电容平衡条件。

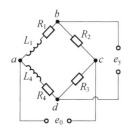

图 3-15 电感电桥

图 3-15 所示是一种常用的电感电桥,相邻两臂为纯电阻 R_2、R_3,另外相邻两臂为电感 L_1、L_4,R_1、R_4 为电感线圈的等效电阻。由式(3-26)可得

$$R_1R_3 = R_2R_4$$

$$L_1R_3 = L_4R_2$$

对于纯电阻交流电桥,即使各电桥均为电阻,但由于导线间存在分布电容,相当于每个桥臂上都并联了一个电容(如图 3-14 所示),因此除了电阻平衡外,还需考虑电容平衡。由于桥臂上的阻值不可能完全相等(应变片阻值差异、导线电阻及接触电阻等因素的影响),以及桥臂电容成分的不对称,电桥在未工作前就失去平衡,产生零位输出,有时甚至大于由被测试件应变所引起的电桥输出,使仪器无法工作,因此一般应变仪都采用了相应的预调平衡装置。

3.3　典型应用

应变式电阻传感器与其他类型的传感器相比,具有测量范围广、精度高、线性好、性能稳定、工作可靠,以及能在恶劣的环境条件下工作等优点,因此广泛应用于国防、冶金、煤炭、化工和交通运输等领域。

应变式电阻传感器除了可以直接测量应力、应变外,还可以制成各种专用的应变式传感

器,按用途不同可分为应变式力传感器、应变式压力传感器和应变式加速度传感器等。

3.3.1 应变式力传感器

应变式力传感器主要用于各种电子秤与材料试验机的测力元件,也可以用于发动机的推力测试、水坝坝体承载状况的监视和切削力的受力分析等。

应变式力传感器利用弹性元件把被测载荷的变化转换成应变量的变化,弹性元件上粘贴有应变片,再把应变量的变化转换成应变片电阻的变化。弹性元件的形式多种多样,要求具有较高的灵敏度和稳定性,在力的作用点稍微变化或存在侧向力时,对传感器的输出影响小。粘贴应变片的地方应尽量平整或曲率半径大,所选结构最好能有相同的正、负应变区等。

应变式力传感器根据弹性元件结构的不同,可分为柱(筒)式传感器、悬臂梁式力传感器、轮辐式力传感器。

1.柱(筒)式力传感器

图 3-16(a)和图 3-16(b)分别为柱式和筒式力传感器的弹性元件,图 3-16(c)和图 3-16(d)分别为应变片的粘贴方式和电桥连接方式。为了消除载荷偏心和弯矩的影响,将应变片对称粘贴在应力分布均匀的圆柱表面的中间部分,四片沿轴向,四片沿径向。R_1 和 R_3、R_2 和 R_4 分别串联接在电桥的相对臂,R_5 和 R_7、R_6 和 R_8 分别串联接在电桥的另一相对臂,构成差动全桥,不仅消除了弯矩的影响,而且能实现温度补偿。柱(筒)式力传感器的结构简单紧凑,可承受很大的载荷,最大载荷可达 10^7 N。地磅秤一般采用柱(筒)式力传感器。

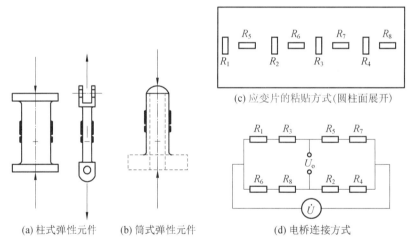

(c) 应变片的粘贴方式(圆柱面展开)

(a) 柱式弹性元件   (b) 筒式弹性元件   (d) 电桥连接方式

图 3-16　柱(筒)式力传感器

2.悬臂梁式力传感器

悬臂梁式力传感器的弹性元件有多种形式,如图 3-17 所示。图 3-17(a)所示为等截面梁,结构简单,易于加工,灵敏度高,适用于测量 5000 N 以下的载荷,要求四个应变片粘贴在悬臂梁的同一断面。图 3-17(b)所示为等强度梁,当力 F 作用在悬臂梁的自由端时,悬臂梁产生变形,梁内的各断面产生的应力相等,表面上的应力也相等,故对应变片的粘贴位置要求不严。图 3-17(c)和图 3-17(d)所示分别为双孔梁及"S"形弹性元件,利用弹性体的弯曲变形,采用对称贴片组成差动电桥,可减小受力点位置的影响,提高测量精度,广泛用于小量程工业电子秤和商业电子秤。将图(c)(d)中应变片 R_1 和 R_3、R_4 和 R_2 分别接入电桥的相对臂,构成差动全桥,其输出电压与力 F 成正比。

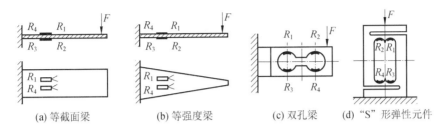

(a) 等截面梁　　　(b) 等强度梁　　　(c) 双孔梁　　(d) "S" 形弹性元件

图 3-17　悬臂梁式力传感器

3. 轮辐式力传感器

轮辐式力传感器的弹性元件如图 3-18(a) 所示。力 F 作用在轮毂顶部和轮圈底部,每根轮辐的力学模型可等效为一端固定、另一端承受 $F/4$ 力和 $Fl/8$ 力矩作用的等截面梁,如图 3-18(b) 所示。两端断面处产生的弯矩最大,应变片粘贴处的应变为

$$\varepsilon = \frac{\sigma}{E} = \frac{M}{EW} = \frac{M}{Ebh^2/6} = \frac{3}{2Ebh^2}\left(\frac{l}{2} - l_x\right)F \qquad (3-28)$$

式中:σ、M——力 F 作用时产生的应力和弯矩;

$\quad\quad W$——抗弯模量,$W = bh^2/6$;

$\quad\quad l$、b、h——轮辐的长度、宽度和厚度。

按图 3-18(a) 所示粘贴应变片,按图 3-18(c) 所示接成差动全桥,可以消除载荷偏心和侧向力对输出的影响。

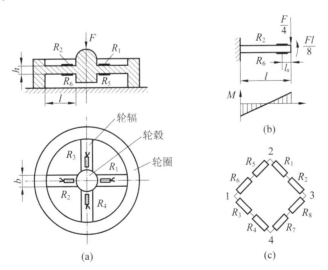

(a)　　　　　　　　　　　　(c)

图 3-18　轮辐式力传感器

3.3.2　应变式压力传感器

应变式压力传感器主要用于流体和气体压力的测量,其弹性元件有筒式、膜片式和组合式等形式,对应相应形式的传感器。

1. 筒式压力传感器

当被测压力较小时,多采用筒式压力传感器。其圆柱体弹性元件内有一盲孔,如图3-19所示。在圆筒外表面的筒壁和端部沿圆周方向各粘贴一个应变片,当被测压力 p 进入筒腔内时,筒体空心部分发生变形,圆筒外表面沿圆周方向的环向应变为

$$\varepsilon = \frac{p(2 - \mu)}{E(n^2 - 1)} \tag{3-29}$$

式中:μ——材料的泊松比;

n——圆筒内径与外径之比,$n = D/D_0$。

对于薄壁圆筒,环向应变为

$$\varepsilon = \frac{pD}{E(D_0 - D)}(1 - 0.5\mu)$$

端部粘贴的应变片 R_2 不产生应变,只起温度补偿作用。筒式压力传感器一般用来测量机床液压系统的管道压力和枪炮的腔内压力等。

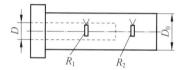

图 3-19　筒式压力传感器

2. 组合式压力传感器

组合式压力传感器的应变片不是直接粘贴在感压元件上,而是贴在弹性元件上,感压元件(如膜片、膜盒、波纹管)通过传递机构将其位移传递到弹性元件上,如图3-20所示。图3-20(a)和图3-20(b)中感压元件为膜片,压力产生的位移传递给悬臂梁或薄壁圆筒;图3-20(c)中感压元件为波纹管,位移传递给双端固定梁。这种传感器的尺寸、材料选择适当时,可制成灵敏度较高的压力传感器,但固有频率较低,不适用于瞬态测量。

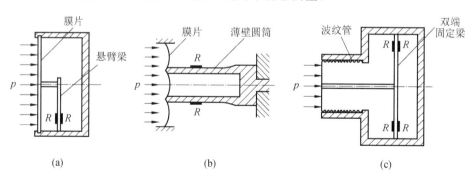

（a）　　　　　　　　　　（b）　　　　　　　　　　（c）

图 3-20　组合式压力传感器

3.3.3　应变式加速度传感器

图3-21所示为应变式加速度传感器的结构示意图,它主要由应变片、悬臂梁、质量块和壳体等组成。质量块2固定在悬臂梁3的一端,梁的上下表面粘贴应变片4。测量时将壳体1与被测对象刚性连接,当被测对象以加速度 a 运动时,质量块得到一个与之方向相反、大小成

正比的惯性力,使悬臂梁变形,从而使应变片产生与加速度成比例的应变值,利用电阻应变仪即可测量加速度。

应变式加速度传感器的频率范围有限,一般不适用于高频、冲击、宽带随机振动等测量,常用于低频振动测量。

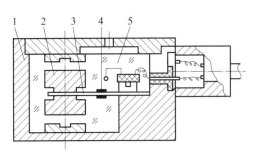

图 3-21　应变式加速度传感器的结构示意图
1—壳体;2—质量块;3—悬臂梁;4—应变片;5—阻尼油

能力训练

3-1　有人使用电阻应变仪时,发现灵敏度不够,于是试图在工作电桥上增加电阻应变片数量以提高灵敏度。试问,在半桥双臂上各增加串联一个应变片,是否可以提高灵敏度? 为什么?

3-2　现有四个电路元件,电阻 R_1、R_2,电感 L 和电容 C,拟接成四臂交流电桥,试画出能满足电桥平衡条件的正确接桥方法,并写出该电桥的平衡条件。(设电桥激励为 U_i,电桥输出为 U_o。)

3-3　以阻值 $R=120\ \Omega$、灵敏度 $S=2$ 的电阻应变片与阻值 $R=120\ \Omega$ 的固定电阻组成的电桥,供桥电压为 3 V,并假定负载为无穷大,当应变片的应变值为 2 $\mu\varepsilon$ 和 2000 $\mu\varepsilon$ 时,分别求出单臂、双臂电桥的输出电压,并比较两种情况下电桥的灵敏度。($\mu\varepsilon$:微应变,即 10^{-6}。)

3-4　有一钢板,原长 $l=1$ m,弹性模量 $E=2\times10^{11}$ Pa,使用 BP-3 箔式应变片。应变片 $R=120\ \Omega$,灵敏度系数 $S=2$,测出的拉伸应变值为 300 $\mu\varepsilon$。求:钢板伸长量 Δl,应力 σ,$\Delta R/R$ 及 ΔR。如果要使测出的应变值为 1 $\mu\varepsilon$,则相应的 $\Delta R/R$ 是多少?

课外拓展

如图 3-22 所示,为了测量液体的密度,如何综合利用应变效应及电桥实现? 请说明实现的具体方案。

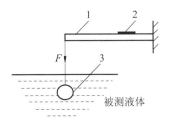

图 3-22　应变式密度传感器
1—悬臂梁;2—应变片;3—浮子

第4章 电容式传感器

学习目标

● 掌握三种类型的电容式传感器的结构、工作原理、参数计算公式和应用范围
● 掌握电容式传感器的测量电路
● 了解电容式传感器的设计要点
● 熟悉电容式传感器在实际应用中的工作特点

实例导入

洪水灾害是我国发生频率高、危害范围广、对国民经济影响最为严重的自然灾害之一。洪灾会造成江、河、湖、库水位猛涨,堤坝漫溢或溃决。所以安全、可靠、及时的水位测量系统显得尤为重要。

目前我国使用较多的水位测量仪器是浮子式水位测量计,虽然结构简单,但是抗干扰性较差,抗腐蚀能力也较低。所以可以利用电容式传感器做成水位测量计,如图 4-1 所示。电容式液位计是根据电容的变化来实现液位高度测量的液位仪表,具有极好的抗干扰性和可靠性,解决了温度、湿度、压力及物质的导电性等因素对测量过程的影响问题,并且能够用于强腐蚀性液体,如酸溶液、碱溶液、盐溶液、污水等。

图 4-1 电容式液位计测水位

本章主要介绍各种类型的电容式传感器,它们具有结构简单、分辨率高、抗过载能力大、动态特性好的优点,且能在高温、辐射和强烈震动等恶劣条件下工作,广泛应用于压力、液位、位

移、振动、角度、加速度、成分含量等多方面的测量。随着电容测量技术的发展,电容式传感器在非电量测量和自动检测中得到了广泛的应用。

4.1 电容式传感器的定义及工作原理

电容式传感器是将被测量(如尺寸、压力等)的变化转换成电容变化量的一种传感器。实际上,它本身(或和被测物一起)就是一个可变电容器。

平行板电容器是由被绝缘介质分开的两个平行金属板组成的,如图 4-2 所示,当忽略边缘效应影响时,其电容 C 与绝缘介质的介电常数 ε、极板的有效覆盖面积 S 以及两极板间的距离 d 有关,即

$$C = \frac{\varepsilon S}{d} \qquad (4-1)$$

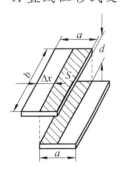

图 4-2 平行板电容器

若被测量的变化使电容器的 d、S、ε 三个参数中的一个参数改变,则电容就将产生变化。如果变化的参数与被测量之间存在一定的函数关系,那么被测量的变化就可以直接由电容的变化反映出来。所以电容式传感器可以分成三种类型:改变极板有效覆盖面积的变面积型电容式传感器,改变极板间距离的变间隙型电容式传感器和改变介电常数的变介电常数型电容式传感器。

4.1.1 变面积型电容式传感器

变面积型电容式传感器的两个极板中,一个是固定不动的,称为定极板,另一个是可移动的,称为动极板。根据动极板相对定极板的移动情况,变面积型电容式传感器的形式又分为直线位移式和角位移式两种。

1.直线位移式变面积型电容式传感器

直线位移式变面积型电容式传感器的原理如图 4-3 所示。被测量使动极板移动,引起两极板有效覆盖面积 S 改变,从而使电容发生变化。动极板相对定极板沿极板长度 a 方向平移 Δx 时,电容为

$$C = \frac{\varepsilon(a - \Delta x)b}{d} = \frac{\varepsilon ab}{d} - \frac{\varepsilon \Delta x b}{d} = C_0 - \Delta C \qquad (4-2)$$

式中:C_0——电容初始值,$C_0 = \dfrac{\varepsilon ab}{d}$;

图 4-3 直线位移式变面积型电容式传感器原理

ΔC——电容因极板位移而产生的变化量,$\Delta C = C - C_0 = -\dfrac{\varepsilon b}{d} \cdot \Delta x = -C_0 \dfrac{\Delta x}{a}$。

电容的相对变化量为

$$\frac{\Delta C}{C_0} = -\frac{\Delta x}{a} \qquad (4-3)$$

很明显,这种传感器的输出特性呈线性,因而其量程不受范围的限制,适合于测量较大的直线位移。它的灵敏度为

$$K = \frac{\Delta C}{\Delta x} = -\frac{\varepsilon b}{d} \tag{4-4}$$

由式(4-4)可知,直线位移式变面积型电容式传感器的灵敏度与极板间距成反比,适当减小极板间距,可提高灵敏度。同时,灵敏度还与极板宽度成正比。为提高测量精度,也常用如图4-4所示的结构形式,以减少动极板与定极板间距的变化引起的测量误差。

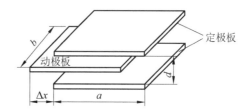

图 4-4　中间极板移动式变面积型电容式传感器

2. 角位移式变面积型电容式传感器

角位移式变面积型电容式传感器的原理如图4-5所示。当被测量的变化使动极板有一角位移 θ 时,两极板间互相覆盖的面积改变,从而改变两极板间的电容 C。

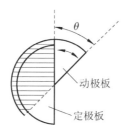

图 4-5　角位移式变面积型电容式传感器原理

当 $\theta = 0$ 时,初始电容为

$$C_0 = \frac{\varepsilon S}{d}$$

当 $\theta \neq 0$ 时,电容就变为

$$C = \frac{\varepsilon S \dfrac{\pi - \theta}{\pi}}{d} = \frac{\varepsilon S}{d}\left(1 - \frac{\theta}{\pi}\right)$$

由此可见,电容 C 与角位移 θ 呈线性关系。

在实际应用中,也采用差动式结构,以提高灵敏度。角位移测量用的差动式结构如图4-6所示。A、B、C均为尺寸相同的半圆形极板。A、B固定,作为定极板,且角度相差180°,C为动极板,置于A、B极板中间。当外部输入角度改变时,C极板能随着

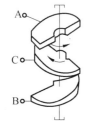

图 4-6　差动角位移式变面积型电容式传感器

外部输入的角位移转动,可改变极板间的有效覆盖面积,从而使传感器电容随之改变。C极板的初始位置必须保证其与A、B极板的初始电容相同。

4.1.2　变介电常数型电容式传感器

变介电常数型电容式传感器的工作原理:当电容式传感器中的电介质改变时,其介电常数

变化,从而引起电容变化。这种电容式传感器有较多的结构形式,可以用于测量纸张、绝缘薄膜等的厚度,也可以用于测量粮食、纺织品、木材或煤等非导电固体物质的湿度,还可以用于测量物位、液位、位移、物体厚度等多种物理量。

变介电常数型电容式传感器经常采用平面式或圆柱式电容器。

1. 平面式变介电常数型电容式传感器

平面式变介电常数型电容式传感器有多种形式,可用于测量位移,如图 4-7 所示。

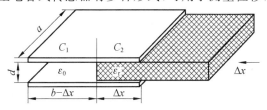

图 4-7 平面式变介电常数型电容式传感器

假定无位移时,$\Delta x = 0$,电容初始值为

$$C_0 = \frac{\varepsilon_0 S}{d} = \frac{\varepsilon_0 ab}{d} \tag{4-5}$$

当有位移输入时,介质板向左移动,使部分介质的介电常数改变,则此时等效电容相当于 C_1、C_2 并联,即

$$C = C_1 + C_2 = \frac{\varepsilon_0 a(b - \Delta x)}{d} + \frac{\varepsilon_r \varepsilon_0 a \Delta x}{d} \tag{4-6}$$

$$\Delta C = C - C_0 = \frac{\varepsilon_r \varepsilon_0 a \Delta x}{d} - \frac{\varepsilon_0 a \Delta x}{d} = \frac{\varepsilon_r - 1}{d} \varepsilon_0 a \Delta x \tag{4-7}$$

式中:ε_0——空气介电常数,$\varepsilon_0 = 8.86 \times 10^{-12}$;

ε_r——介质的介电常数。

由此可见,电容变化量 ΔC 与位移 Δx 呈线性关系。

如图 4-8 所示为一种测厚仪,它是平面式变介电常数型电容式传感器的另一种形式,可用于测量被测材料的厚度或介电常数。两极板间距为 d,被测材料厚度为 x,介电常数为 ε_x,原极板间介质的介电常数为 ε。

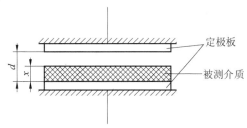

图 4-8 测厚仪

该电容器的总电容 C 等于由被测材料和介质分别形成的两个电容 C_1 与 C_2 的串联电容,即

$$C = \frac{C_1 C_2}{C_1 + C_2} = \frac{\dfrac{\varepsilon S}{d - x} \times \dfrac{\varepsilon_x S}{x}}{\dfrac{\varepsilon S}{d - x} + \dfrac{\varepsilon_x S}{x}} = \frac{\varepsilon \varepsilon_x S}{\varepsilon x + \varepsilon_x d - \varepsilon_x x} = \frac{\varepsilon \varepsilon_x S}{\varepsilon_x d + (\varepsilon - \varepsilon_x) x} \tag{4-8}$$

由式(4-8)可知,若被测材料的介电常数 ε_x 已知,则测出输出电容 C 的值,可求出被测材料的厚度 x。若厚度 x 已知,则测出输出电容 C 的值,也可求出被测材料的介电常数 ε_x。因此,也可将此传感器用作介电常数测量仪。

2.圆柱式变介电常数型电容式传感器

圆柱式变介电常数型电容式传感器的基本结构如图 4-9 所示,内外筒为两个同心圆筒,分别作为电容的两个电极(即极板)。电容的计算公式为

$$C = \frac{2\pi\varepsilon h}{\ln\dfrac{R}{r}} \qquad (4-9)$$

式中:r——内筒半径;

$\quad R$——外筒半径;

$\quad h$——筒长;

$\quad \varepsilon$——介电常数。

这种传感器可用于制作电容式液面计。

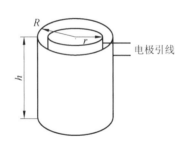

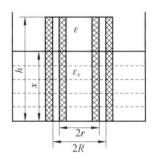

图 4-9 圆柱式变介电常数型电容式传感器   图 4-10 电容式液面计

如图 4-10 所示为一种电容式液面计的原理图。在介电常数为 ε_x 的被测液体中,放入液面计,液体上面气体的介电常数为 ε,液体浸没电极的高度就是被测量 x。该电容器的总电容 C 等于上半部分的电容 C_1 与下半部分的电容 C_2 的并联电容,即 $C = C_1 + C_2$。因为

$$C_1 = \frac{2\pi\varepsilon(h-x)}{\ln\dfrac{R}{r}}$$

$$C_2 = \frac{2\pi\varepsilon_x x}{\ln\dfrac{R}{r}}$$

所以

$$C = C_1 + C_2 = \frac{2\pi(\varepsilon h - \varepsilon x + \varepsilon_x x)}{\ln\dfrac{R}{r}} = \frac{2\pi\varepsilon h}{\ln\dfrac{R}{r}} + \frac{2\pi(\varepsilon_x - \varepsilon)}{\ln\dfrac{R}{r}}x = a + bx \qquad (4-10)$$

式中:$a = \dfrac{2\pi\varepsilon h}{\ln\dfrac{R}{r}}$,$b = \dfrac{2\pi(\varepsilon_x - \varepsilon)}{\ln\dfrac{R}{r}}$,均为常数。

式(4-10)表明,液面计的输出电容 C 与液面高度 x 呈线性关系。

4.1.3 变间隙型电容式传感器

基本的变间隙型电容式传感器有一个定极板和一个动极板,如图 4-11 所示,当动极板随被测量变化而移动时,两极板的间距 d 就发生了变化,从而也就改变了两极板间的电容 C。

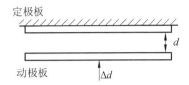

图 4-11 基本的变间隙型电容式传感器

设动极板在初始位置时与定极板的间距为 d_0,此时的初始电容为 $C_0 = \dfrac{\varepsilon S}{d_0}$。当动极板向上移动 Δd 时,电容的增加量为

$$\Delta C = \frac{\varepsilon S}{d - \Delta d_0} - \frac{\varepsilon S}{d_0} = \frac{\varepsilon S}{d} \cdot \frac{\Delta d}{d_0 - \Delta d} = C_0 \cdot \frac{\Delta d}{d_0 - \Delta d} \tag{4-11}$$

式(4-11)说明,ΔC 与 Δd 之间不是线性关系。但当 $\Delta d \ll d$(即量程远小于极板间初始距离)时,可以认为 ΔC 与 Δd 之间的关系是线性的,即

$$\Delta C = \frac{\Delta d}{d_0} C_0 \tag{4-12}$$

则有

$$\frac{\Delta C}{C_0} = \frac{\Delta d}{d_0} \tag{4-13}$$

此时,其灵敏度为

$$K = \frac{\Delta C}{\Delta d} = \frac{C_0}{d_0} = \frac{\varepsilon S}{d_0^2} \tag{4-14}$$

由式(4-14)可见,增大 S 和减小 d_0 均可提高传感器的灵敏度,但要受到传感器体积和击穿电压的限制。此外,对于同样大小的 Δd,d_0 越小则 $\Delta d/d_0$ 越大,由此造成的非线性误差也越大。因此,这种类型的传感器一般用于测量微小的变化量。

在实际应用中,为了改善非线性,提高灵敏度及减少电源电压、环境温度等外界因素的影响,电容式传感器也常做成差动形式,如图 4-12 所示。当动极板向上移动 Δd 时,上电容 C_1 增大,下电容 C_2 减小,分别为

$$C_1 = C_0 + \Delta C_1 = \frac{\varepsilon S}{d_0 - \Delta d} = \frac{\varepsilon S}{d_0} \times \frac{1}{1 - \dfrac{\Delta d}{d_0}} = \frac{C_0}{1 - \dfrac{\Delta d}{d_0}} = \frac{C_0\left(1 + \dfrac{\Delta d}{d_0}\right)}{1 - \left(\dfrac{\Delta d}{d_0}\right)^2} \tag{4-15}$$

$$C_2 = C_0 - \Delta C_2 = \frac{\varepsilon S}{d_0 + \Delta d} = \frac{\varepsilon S}{d_0} \times \frac{1}{1 + \dfrac{\Delta d}{d_0}} = \frac{C_0}{1 + \dfrac{\Delta d}{d_0}} = \frac{C_0\left(1 - \dfrac{\Delta d}{d_0}\right)}{1 - \left(\dfrac{\Delta d}{d_0}\right)^2} \tag{4-16}$$

当 $\Delta d \ll d_0$ 时,$1 - \left(\dfrac{\Delta d}{d_0}\right)^2 \approx 1$,$\Delta C = C_1 - C_2 = 2C_0 \dfrac{\Delta d}{d_0}$,即

$$\frac{\Delta C}{C_0} = 2 \frac{\Delta d}{d_0} \tag{4-17}$$

此时传感器的灵敏度为

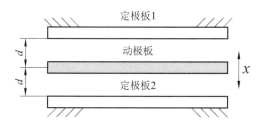

图 4-12　差动式变间隙型电容式传感器

$$K = \frac{\Delta C}{\Delta d} = 2\frac{C_0}{d_0} = \frac{2\varepsilon S}{d_0^2} \qquad (4\text{-}18)$$

与基本的变间隙型电容式传感器相比,差动形式的传感器的非线性误差减小了一个数量级,而且提高了测量灵敏度,所以在实际中应用较多。

4.2　电容式传感器的结构及抗干扰问题

4.2.1　温度变化对结构稳定性的影响

电容式传感器由于极板间隙很小而对结构尺寸的变化特别敏感。在传感器各零件材料线膨胀系数不匹配的情况下,温度变化将导致极板间隙有较大的相对变化,产生附加电容变化,从而产生很大的温度误差。因此在设计电容式传感器时,要尽量满足以下要求:

(1) 在制造电容式传感器时,选用温度膨胀系数小、几何尺寸稳定的材料。因此高质量电容式传感器的绝缘材料多采用石英、陶瓷和玻璃等;而金属材料则选用膨胀系数小的镍铁合金。极板可直接在陶瓷或石英等绝缘材料上喷镀一层金属薄膜来代替,这样既可消除极板尺寸的影响,同时也可以减少电容边缘效应。

(2) 采用差动对称结构,并在测量电路中对温度误差加以补偿。

4.2.2　温度变化对介电常数的影响

温度变化还能引起电容极板间介质介电常数的变化,使传感器电容改变,带来温度误差。温度对介电常数的影响随介质不同而异,空气及云母的介电常数温度系数近似为零,而某些液体介质,如硅油、蓖麻油、煤油等,其介电常数的温度系数较大。例如,煤油的介电常数的温度系数可达 0.07%/℃,即若环境温度变化±50 ℃,则将产生 7% 的温度误差。故采用此类介质时必须注意温度变化造成的误差。

4.2.3　绝缘问题

电容式传感器的电容一般很小,如果电源频率较低,则传感器本身的容抗可达几兆欧至几百兆欧。由于它具有这样高的内阻抗,所以绝缘问题显得十分突出。在一般电器设备中绝缘电阻有几兆欧就足够了,但对于电容式传感器来说却不足够,这就对绝缘零件的绝缘电阻提出了更高的要求。

绝缘材料不仅要求膨胀系数小,具有几何尺寸的长期稳定性,还应有高绝缘电阻、低吸潮性和高表面电阻,故宜选用玻璃、石英、陶瓷和尼龙等材料,而不用夹布胶木等一般电绝缘材料。为防止水汽进入使绝缘电阻降低,可将外壳密封。此外,采用高的电源频率,以降低传感器的内阻抗,可相应地降低对绝缘电阻的要求。

4.2.4　电容电场的边缘效应

理想条件下,平行板电容器的电场均匀分布于两极板相互覆盖的空间,但实际上,在极板的边缘附近,电场分布是不均匀的,这种现象称为电场的边缘效应。这种电场的边缘效应相当于传感器并联了一个附加电容,其结果使传感器的灵敏度下降和非线性增加。

减小电容电场的边缘效应的方法:

（1）增大初始电容,即增大极板面积和减小极板间距。

（2）加装保护环。如图 4-13 所示,极板间的边缘效应移到了保护环与极板 2 的边缘,消除了极板的边缘效应的影响,极板 1 与极板 2 间的电场分布变得均匀。加装保护环有效地抑制了边缘效应,但也增加了加工工艺难度。

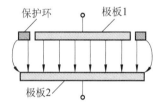

图 4-13　带保护环的电容式传感器

4.2.5　寄生电容

任何两个导体之间均可构成电容联系。电容式传感器中,除了两极板之间的电容外,极板还可能与周围物体,包括仪器中的各种元件甚至人体之间产生电容联系。这种附加的电容联系,称为寄生电容。由于传感器本身电容很小,因此寄生电容可能导致传感器的电容发生明显的变化,而且寄生电容极不稳定,还会导致传感器特性不稳定,对传感器产生严重的干扰。

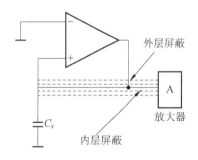

图 4-14　驱动电缆技术原理

为了克服上述寄生电容的影响,必须对传感器进行静电屏蔽,即将电容器极板放置在金属壳体内,并将壳体良好接地。出于同样原因,其电极引出线也必须用屏蔽线,且屏蔽线外套须同样良好接地。此外,屏蔽线本身的电容较大,且由于放置位置和形状不同而有较大差异,也会产生不同的寄生电容,造成传感器的灵敏度下降和特性不稳定。目前解决这一问题的有效方法是采用驱动电缆技术,也称双层屏蔽等电位传输技术,其原理如图 4-14 所示。这种技术的基本思路是将电极引出线进行内外双层屏蔽,使内层屏蔽与引出线的电位相同,从而消除引出线对内层屏蔽的容性漏电（寄生电容）,而外层屏蔽仍接地起屏蔽作用,防止外电场干扰。驱动电缆技术的线路复杂,要求高,但传感器的电容变化为1pF 时仍能正常工作。

4.3　测量电路

电容式传感器的输出电容一般十分微小,几乎都在几皮法至几十皮法之间,如此小的电容不便于直接测量和显示,因而必须借助于一些测量电路,将微小的电容值成比例地转换为电压、电流或频率信号。目前较常用的测量电路有调频-鉴频电路、运算放大器电路、变压器式交流电桥电路、二极管双 T 型交流电桥电路和脉冲宽度调制电路等。

4.3.1 调频‑鉴频电路

图 4-15 所示为调频‑鉴频电路的原理图。该测量电路把电容式传感器与一个电感元件配合,构成一个振荡器谐振电路。当传感器工作时,电容发生变化,导致振荡频率产生相应的变化,然后鉴频电路将频率的变化转换为振幅的变化,经放大器放大后即可显示。这种方法称为调频法。

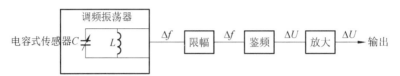

图 4-15 调频‑鉴频电路原理图

调频振荡器的振荡频率由下式决定:

$$f = \frac{1}{2\pi \sqrt{LC}} \tag{4-19}$$

式中:L——振荡回路电感;

C——振荡回路总电容。

调频‑鉴频电路的主要优点:抗外来干扰能力强,特性稳定,且能取得较高的直流输出信号。

4.3.2 运算放大器电路

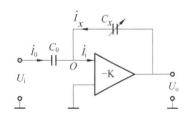

图 4-16 运算放大器电路原理

运算放大器电路原理如图 4-16 所示。图中的运算放大器为理想运算放大器,其输出电压与输入电压之间的关系为

$$U_o = -U_i \frac{C_0}{C_x} \tag{4-20}$$

式中:C_0——固定电容器的电容;

C_x——电容式传感器的电容。

将 $C_x = \dfrac{\varepsilon s}{d}$ 代入式(4-20),可得

$$U_o = -U_i \frac{C_0}{\varepsilon S} \cdot d \tag{4-21}$$

由式(4-21)可见,运算放大器的最大特点是电路输出电压与电容式传感器的极板间距成正比,使基本变间隙型电容式传感器的输出具有线性特性。

在该运算放大器电路中,选择输入阻抗和放大增益足够大的运算放大器,以及具有一定精度的输入电源、固定电容,可使基本变间隙型电容式传感器测出 0.1 μm 的微小位移。该运算放大器电路在初始状态时,若输出电压不为零,则电路存在零点漂移的缺点。因此,在测量中常用如图 4-17 所示的调零电路。

在该运算放大器电路中,固定电容 C_0 在电容式传感器电容 C_x 的检测过程中还起到了参比测量的作用。因而当固定电容器和电容式传感器的结构参数及材料完全相同时,环境温度对测量的影响可以得到补偿。

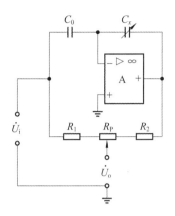

图 4-17 调零电路

4.3.3 变压器式交流电桥电路

1. 单臂接法变压器式交流电桥电路

图 4-18 所示为单臂接法变压器式交流电桥电路，C_0 为电容式传感器的输出电容，C_1、C_2、C_3 为固定电容器的电容，将高频电源电压 $\dot{U}_s$ 加到电桥的一对角上，电桥的另一对角输出电压 $\dot{U}_o$。在电容式传感器未工作时，先将电桥调到平衡状态，即 $C_0 C_2 = C_1 C_3$，$\dot{U}_o = 0$。

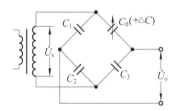

图 4-18 单臂接法变压器式交流电桥电路

当被测参数变化引起电容式传感器的输出电容变化 ΔC 时，电桥失去平衡，输出电压 $\dot{U}_o$ 随着 ΔC 变化而变化。在单臂接法中，输出电压 $\dot{U}_o$ 与被测电容 ΔC 之间是非线性关系。

2. 差动接法变压器式交流电桥电路

图 4-19 所示为差动接法变压器式交流电桥电路，其中相邻两臂接入差动结构的电容式传感器。

电容式传感器未工作时，$C_1 = C_2 = C_0$，电路输出 $\dot{U}_o = 0$。

当被测参数变化时，电容式传感器的输出电容 C_1 变大，C_2 变小，即

$$C_1 = C_0 + \Delta C，C_2 = C_0 - \Delta C \tag{4-22}$$

则输出电压 $\dot{U}_o$ 与 ΔC 之间的关系可用下式表示：

$$\dot{U}_o = \frac{2 \dot{U}_s Z_2}{Z_1 + Z_2} - \dot{U}_s = \frac{2 \dot{U}_s Z_2 - \dot{U}_s Z_1 - \dot{U}_s Z_2}{Z_1 + Z_2}$$

$$= \frac{Z_2 - Z_1}{Z_1 + Z_2} \dot{U}_s = \frac{C_2 - C_1}{C_1 + C_2} \dot{U}_s$$

$$= \frac{(C_0 + \Delta C) - (C_0 - \Delta C)}{(C_0 + \Delta C) + (C_0 - \Delta C)} \dot{U}_s = \frac{\dot{U}_s}{C_0} \Delta C \tag{4-23}$$

式(4-23)表明,差动接法变压器式交流电桥电路的输出电压$\dot{U}_o$与被测电容ΔC呈线性关系。

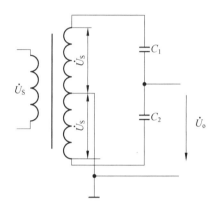

图 4-19　差动接法变压器式交流电桥电路

4.3.4　二极管双 T 型交流电桥电路

图 4-20 所示是二极管双 T 型交流电桥电路。图中 U 是高频电源,它提供幅值为 U 的对称方波,VD_1、VD_2为特性完全相同的两个二极管,$R_1 = R_2 = R$,C_1、C_2为传感器的两个差动电容。

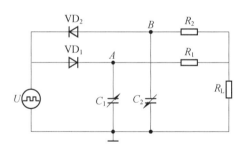

图 4-20　二极管双 T 型交流电桥电路

当传感器没有输入时,$C_1 = C_2$。其电路工作原理为:当 U 为正半周时,二极管 VD_1 导通,VD_2 截止,电容 C_1 充电;在随后出现的负半周,电容 C_1 上的电荷通过电阻 R_1、负载电阻 R_L 放电,通过 R_L 的电流为 I_1。当 U 为负半周时,VD_2 导通,VD_1 截止,则电容 C_2 充电;在随后出现的正半周,C_2 通过电阻 R_2 和负载电阻 R_L 放电,通过 R_L 的电流为 I_2。根据以上条件可知电流 $I_1 = I_2$,且方向相反,则在一个周期内流过 R_L 的平均电流为零。

若传感器输入不为零,则 $C_1 \neq C_2$,$I_1 \neq I_2$,此时在一个周期内流过 R_L 的平均电流不为零,因此产生输出电压$\dot{U}_o$,且输出电压$\dot{U}_o$是电容 C_1 和 C_2 的函数。

该电路输出电压较高,可用来测量高速机械运动的相关参数。

4.3.5　脉冲宽度调制电路

如图 4-21 所示为差动脉冲宽度调制电路。图中，A_1、A_2 为理想运算放大器，组成比较器；R_1、C_1 和 R_2、C_2 分别构成充电回路；VD_1、C_1 和 VD_2、C_2 分别构成放电回路，U_r 为标准输入电源，双稳态触发器的输出作为电路脉冲输出。

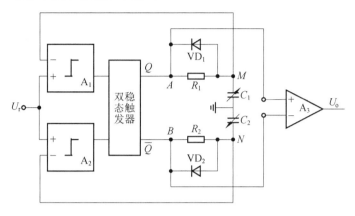

图 4-21　差动脉冲宽度调制电路

电路的工作原理：利用电容式传感器充放电，使电路输出脉冲的占空比随电容式传感器的电容变化而变化，再通过低频滤波器得到对应于被测量变化的直流信号。

分析如下：

$Q=1$，$\bar{Q}=0$ 时，A 点通过 R_1 对 C_1 充电，同时电容 C_2 通过 VD_2 迅速放电，使 N 点电压钳位在低电平。在充电过程中，M 点对地电位不断升高，当 $U_M>U_r$ 时，A_1 输出为"－"，此时，双稳态触发器翻转，使 $Q=0$，$\bar{Q}=1$。

$Q=0$，$\bar{Q}=1$ 时，N 点通过 R_2 对 C_2 充电，同时电容 C_1 通过 VD_1 迅速放电，使 M 点电压钳位在低电平。在充电过程中，N 点对地电位不断升高，当 $U_N>U_r$ 时，A_2 输出为"－"，此时，双稳态触发器翻转，使 $Q=1$，$\bar{Q}=0$。

此过程周而复始。

电路输出脉冲由 A、B 两点电平决定，高电平电压为 U_H，低电平为 0。电路各点的充放电波形如图 4-22 所示。

当 $C_1=C_2$、$R_1=R_2$ 时，A 点脉冲与 B 点脉冲宽度相同，方向相反，波形如图 4-22(a)所示。当 C_1 增大、C_2 减小时，R_1、C_1 充电时间变长，$Q=1$ 的时间延长，U_A 的脉宽变宽；而 R_2、C_2 充电时间变短，$Q=0$ 的时间缩短，U_B 的脉宽变窄。把 A、B 接到低通滤波器，得到与电容变化相应的电压输出，即 U_o 脉冲变宽，波形如图 4-22(b)所示。当 C_1 减小、C_2 增大时，R_1、C_1 充电时间变短，$Q=1$ 的时间缩短，U_A 的脉宽变窄；而 R_2、C_2 充电时间变长，$Q=0$ 的时间延长，U_B 的脉宽变宽。同样，把 A、B 接到低通滤波器，得到与电容变化相应的电压输出，即 U_o 脉冲变窄。

由以上分析可知，当 $C_1=C_2$ 时，两个电容充电时间常数相等，两个输出脉冲宽度相等，输出电压的平均值为零。当差动电容式传感器处于工作状态，即 $C_1\neq C_2$ 时，两个电容的充电时间常数发生变化，R_1、C_1 充电时间 T_1 正比于 C_1，而 R_2、C_2 充电时间 T_2 正比于 C_2，这时输出电压的平均值不等于零。输出电压为

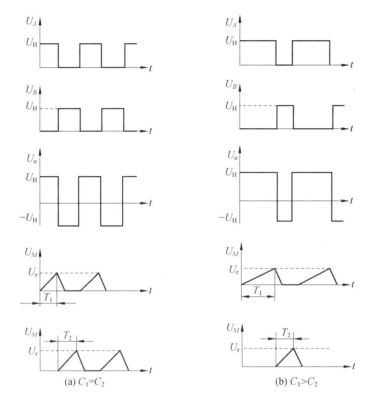

图 4-22　电路各点的充放电波形

$$U_o = \frac{T_1}{T_1 + T_2} U_H - \frac{T_2}{T_1 + T_2} U_H = \frac{T_1 - T_2}{T_1 + T_2} U_H \qquad (4-24)$$

当电阻 $R_1 = R_2 = R$ 时，有

$$U_o = \frac{C_1 - C_2}{C_1 + C_2} U_H \qquad (4-25)$$

由此可知，差动脉冲宽度调制电路的输出电压与电容变化呈线性关系。

4.4　典型应用

随着新工艺、新材料的问世，特别是电子技术的发展，电容式传感器应用越来越广泛。电容式传感器可用于测量直线位移、角位移、振动振幅，还可测量压力、差压力、液位、料面、粮食中的水分含量，非金属材料的涂层厚度，油膜厚度，以及电介质的湿度、密度、厚度等，尤其适合测量高频振动的振幅、精密轴系回转精度、加速度等机械量，在自动检测与控制系统中也常常用作位置信号发生器。

4.4.1　电容式压力传感器

如图 4-23 所示为差动电容式压力传感器原理图。把绝缘的玻璃或陶瓷材料内侧磨成球面，在球面上镀上金属镀层做两固定的极板。在两个定极板中间焊接一金属感压膜片，作为动极板，用于感受外界的压力。在动极板和定极板之间填充硅油。无压力时，膜片位于两定极板中间,上下两电路相等。有压力时,在被测压力的作用下,膜片弯向低压的一边,从而使一个电容增大,另一个电容减小,电容变化量的大小反映了压力变化的大小。该压力传感器可用于测量微小压差。

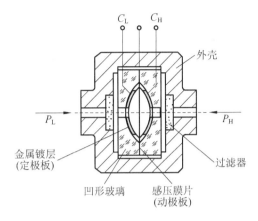

图 4-23 差动电容式压力传感器原理图

4.4.2 电容式位移传感器

如图 4-24 所示为变面积型电容式位移传感器的结构图,这种传感器采用了差动式结构。当测量杆随被测位移运动而带动动极板产生位移时,动极板与两个定极板间的覆盖面积发生变化,其电容也相应产生变化。这种传感器有良好的线性特性。

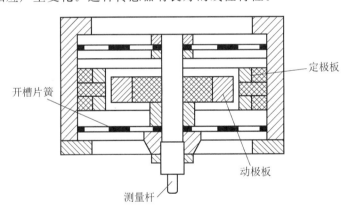

图 4-24 变面积型电容式位移传感器结构图

4.4.3 电容式加速度传感器

如图 4-25 所示为变间隙型电容式加速度传感器的结构图。它有两个固定的极板,中间有一个用弹簧片支撑的质量块,此质量块的两个端面经磨平抛光后可作为动极板。当传感器壳体在垂直方向上做直线加速运动时,质量块在惯性空间中相对静止,而两个定极板将产生大小正比于被测加速度的位移。此位移使 C_1、C_2 产生大小相等、符号相反的增量,此增量正比于被测加速度。这种加速度传感器的精度较高,频率响应范围宽,量程大,可以测很大的加速度。

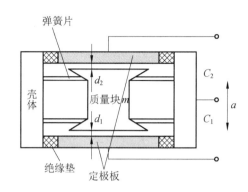

图 4-25　变间隙型电容式加速度传感器结构图

4.4.4　电容式厚度传感器

电容式测厚仪的关键部件之一就是电容式厚度传感器。在板材轧制过程中,电容式厚度传感器可监测金属板材的厚度变化情况。其工作原理如图 4-26 所示。在被测带材的上下两边各置一块面积相等、与带材距离相同的极板,这样极板与带材就形成上下两个电容器 C_1、C_2(带材也作为一个极板)。把两块极板用导线连接起来,并用引出线引出,另外从带材上也引出一根引线,即把电容连接成并联形式,则该传感器的输出总电容 $C = C_1 + C_2$。

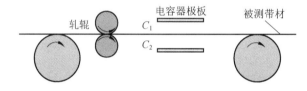

图 4-26　电容式厚度传感器工作原理

金属带材在轧制过程中不断向前送进,如果带材厚度发生变化,将引起带材与上下两个极板间间距的变化,即引起电容的变化,如果把总电容 C 作为交流电桥的一个桥臂,电容的变化 ΔC 引起电桥输出的变化,然后经过放大、检波、滤波电路,最后在仪表上显示出带材的厚度。这种传感器的优点是测量精度不受带材振动的影响。

能力训练

4-1　电容式传感器有哪几种类型? 差动结构的电容式传感器有什么优点?

4-2　电容式传感器有哪几种类型的测量电路? 它们各有什么特点?

4-3　电容式传感器初始极板间距 $d_0 = 1.5$ mm,外力作用使极板间距减小 0.03 mm,并测得电容为 180 pF。

求:(1) 初始电容为多少?

(2) 若初始电容式传感器在外力作用后,极板间距变化,测得电容为 170 pF,则极板间距变化了多少? 变化方向又是如何?

4-4　电容测微仪的电容器极板面积 $A = 32$ cm²,极板间距 $d = 1.2$ mm,相对介电常数 $\varepsilon_r = 1$,$\varepsilon_0 = 8.85 \times 10^{-12}$ F/m。

求:(1) 电容器的电容为多少?

（2）若极板间距减小 0.15 mm，电容又为多少？

4-5　一个用于测量位移的电容式传感器，两个极板是边长为 10 cm 的正方形，间距为 1 mm，气隙中恰好放置一个边长为 10 cm、厚度为 1 mm、相对介电常数为 4 的正方形介质板，该介质板可在气隙中自由滑动。试计算当输入位移（即介质板向某一方向移出极板相互覆盖部分的距离）分别为 0、10 cm 时，该传感器的输出电容各为多少？

4-6　简述差动结构的电容式厚度传感器的工作原理。

4-7　为什么电容式传感器易受干扰？如何减小干扰？

4-8　如图 4-27 所示，圆筒内装有某种液体，其相对介电常数为 3，$D=18$ cm，$d=6$ cm，$H=42$ cm，$h=8$ cm，$\varepsilon_0=8.85\times10^{-12}$ F/m。

求：（1）圆筒的电容为多少？

　　（2）当液位高度升高 1 cm 时，电容变化多少？

课外拓展

图 4-27　题 4-8 图

触摸屏广泛应用于我们日常生活的各个领域，如手机、显示器、电器控制、医疗设备等。

主流的触摸屏分为电阻式触摸屏、电容式触摸屏、声表面波式触摸屏、红外线式触摸屏等。在实际生活中我们接触最多的是电阻式触摸屏，但电容式触摸屏因其相对可接受的成本以及良好的线性度和可操作性，将成为发展趋势，替代电阻式触摸屏。

通过本章的学习，你能根据所学内容分析手机电容式触摸屏（见图 4-28）的工作原理吗？

图 4-28　手机电容式触摸屏

第 5 章　电感式传感器

学习目标

● 理解电感式传感器的定义与分类
● 理解常用电感式传感器——变磁阻电感式传感器、差动变压器电感式传感器、电涡流电感式传感器的工作原理及特性,认识其电路特点以及在实际生产中的应用
● 能够根据工程实际中的要求合理选用电感式传感器

实例导入

　　某轴承公司希望对本厂生产的汽车用滚珠的直径进行自动测量和分选,要求滚珠的标称直径为 10.000 mm,允许公差范围为 ±3 μm。超出该范围的均为不合格产品(予以剔除);在该范围内,滚珠的直径以标称直径为基准,按 1 μm 差值为单位共划分为 7 个等级,分别选入 7 个对应的料箱中。分选统计结果通过计算机自动显示出来。选用电感式传感器设计该滚珠自动分选与技术系统以完成上述功能,装置如图 5-1 所示。

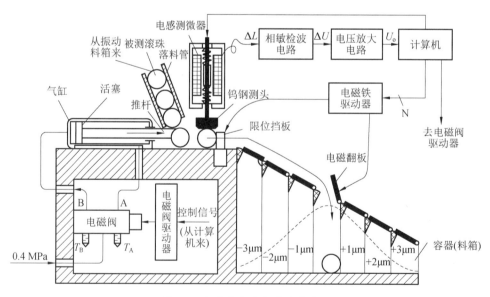

图 5-1　电感式滚珠自动分选装置

5.1 概 述

电感式传感器是一种机电转换装置,特别是在自动控制设备中广泛应用。

1. 定义

电感式传感器是基于电磁感应原理把被测量转化为电感量的一种装置,常用来测量位移、压力、流量、振动、应变、密度等物理参数。其原理如图 5-2 所示。

图 5-2 电感式传感器原理示意图

2. 分类

如图 5-3 所示,按照转换方式的不同,电感式传感器可分为自感型电感式传感器(包括变磁阻电感式传感器与电涡流电感式传感器)和互感型电感式传感器(差动变压器电感式传感器)两种;根据结构形式,电感式传感器可分为气隙型电感式传感器和螺管型电感式传感器。

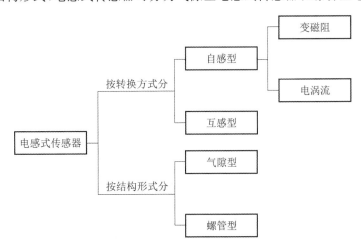

图 5-3 电感式传感器分类示意图

3. 特点

电感式传感器应用广泛,其优点如下。

① 结构简单、可靠,测量力小。

② 机械位移分辨能力达 $0.1~\mu m$,甚至更小;角位移分辨能力达 0.1 角秒;输出信号强,电压灵敏度可达数百毫伏每毫米。

③ 重复性好,线性度优良。在几十微米到数百毫米的位移范围内,输出特性的线性度较好,且比较稳定。

④ 能实现远距离传输、记录、显示和控制。

其缺点为存在交流零位信号,不宜高频动态测量。

5.2　变磁阻电感式传感器

5.2.1　工作原理

变磁阻电感式传感器由线圈、铁芯和衔铁三部分组成,如图 5-4 所示。

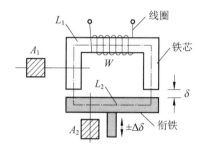

图 5-4　变磁阻电感式传感器组成示意图

在铁芯和衔铁之间有气隙,传感器的运动部分与衔铁相连。当衔铁移动时,气隙厚度 δ 发生改变,引起磁路中磁阻变化,从而导致线圈的电感变化。因此只要能测出这种电感的变化,就能确定衔铁位移量的大小和方向。

根据电感定义,线圈中的电感可由下式确定:

$$L = \frac{\psi}{I} = \frac{W\Phi}{I} \tag{5-1}$$

式中:I——通过线圈的电流;

$\quad\quad W$——线圈的匝数;

$\quad\quad \Phi$——穿过线圈的磁通。

由磁路欧姆定律,得

$$\Phi = \frac{IW}{R_{\mathrm{m}}} \tag{5-2}$$

式中:R_{m}——磁路总磁阻。

气隙很小,可以认为气隙中的磁场是均匀的。若忽略磁路磁损,则磁路总磁阻为

$$R_{\mathrm{m}} = \frac{L_1}{\mu_1 A_1} + \frac{L_2}{\mu_2 A_2} + \frac{2\delta}{\mu_0 A_0} \tag{5-3}$$

式中:μ_1——铁芯材料的磁导率;

$\quad\quad \mu_2$——衔铁材料的磁导率;

$\quad\quad \mu_0$——空气的磁导率;

$\quad\quad L_1$——磁通通过铁芯的长度;

$\quad\quad L_2$——磁通通过衔铁的长度;

$\quad\quad A_0$——气隙的截面积;

$\quad\quad A_1$——铁芯的截面积;

$\quad\quad A_2$——衔铁的截面积;

$\quad\quad \delta$——气隙厚度。

通常气隙磁阻远大于铁芯和衔铁的磁阻,即

$$
\left.\begin{array}{l}
\dfrac{2\delta}{\mu_0 A_0} \gg \dfrac{l_1}{\mu_1 A_1} \\[3mm]
\dfrac{2\delta}{\mu_0 A_0} \gg \dfrac{l_2}{\mu_2 A_2}
\end{array}\right\}
\tag{5-4}
$$

则式(5-3)可写为

$$
R_{\mathrm{m}} = \frac{2\delta}{\mu_0 A_0}
\tag{5-5}
$$

联立式(5-1)、式(5-2)及式(5-5),可得

$$
L = \frac{W^2}{R_{\mathrm{m}}} = \frac{W^2 \mu_0 A_0}{2\delta}
\tag{5-6}
$$

式(5-6)表明:当线圈匝数为常数时,电感 L 仅仅是磁路总磁阻 R_{m} 的函数,改变 δ 或 A_0 均可导致电感变化。因此,变磁阻电感式传感器又可分为变气隙厚度电感式传感器和变气隙面积电感式传感器。目前使用最广泛的是变气隙厚度电感式传感器。

5.2.2　输出特性

变气隙厚度电感式传感器的 L 与 δ 之间是非线性关系,特性曲线如图 5-5 所示。

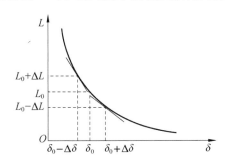

图 5-5　变气隙厚度电感式传感器的 L-δ 特性曲线

当衔铁处于初始位置时,初始电感为

$$
L_0 = \frac{\mu_0 A_0 W^2}{2\delta_0}
\tag{5-7}
$$

当衔铁上移 $\Delta\delta$ 时,传感器气隙厚度减小 $\Delta\delta$,即 $\delta = \delta_0 - \Delta\delta$,此时输出电感为

$$
L = L_0 + \Delta L = \frac{W^2 \mu_0 A_0}{2(\delta_0 - \Delta\delta)} = \frac{L_0}{1 - \dfrac{\Delta\delta}{\delta_0}}
\tag{5-8}
$$

当 $\Delta\delta/\delta_0 \ll 1$ 时(泰勒级数),有

$$
L = L_0 + \Delta L = L_0\left[1 + \frac{\Delta\delta}{\delta_0} + \left(\frac{\Delta\delta}{\delta_0}\right)^2 + \left(\frac{\Delta\delta}{\delta_0}\right)^3 + \cdots\right]
\tag{5-9}
$$

可求得电感增量 ΔL 和相对增量 $\Delta L/L_0$ 的表达式,即

$$
\left.\begin{array}{l}
\Delta L = L_0 \dfrac{\Delta\delta}{\delta_0}\left[1 + \dfrac{\Delta\delta}{\delta_0} + \left(\dfrac{\Delta\delta}{\delta_0}\right)^2 + \cdots\right] \\[4mm]
\dfrac{\Delta L}{L_0} = \dfrac{\Delta\delta}{\delta_0}\left[1 + \dfrac{\Delta\delta}{\delta_0} + \left(\dfrac{\Delta\delta}{\delta_0}\right)^2 + \cdots\right]
\end{array}\right\}
\tag{5-10}
$$

同理,当衔铁向下移动 $\Delta\delta$ 时,有

$$
\left.
\begin{aligned}
\Delta L &= L_0 \frac{\Delta\delta}{\delta_0}\left[1 - \frac{\Delta\delta}{\delta_0} + \left(\frac{\Delta\delta}{\delta_0}\right)^2 - \left(\frac{\Delta\delta}{\delta_0}\right)^3 + \cdots\right] \\
\frac{\Delta L}{L_0} &= \frac{\Delta\delta}{\delta_0}\left[1 - \frac{\Delta\delta}{\delta_0} + \left(\frac{\Delta\delta}{\delta_0}\right)^2 - \left(\frac{\Delta\delta}{\delta_0}\right)^3 + \cdots\right]
\end{aligned}
\right\}
\tag{5-11}
$$

对式(5-10)、式(5-11)进行线性处理,即忽略高次项,可得

$$
\frac{\Delta L}{L_0} = \frac{\Delta\delta}{\delta_0}
\tag{5-12}
$$

传感器的灵敏度 K_0 为

$$
K_0 = \frac{\dfrac{\Delta L}{L_0}}{\Delta\delta} = \frac{1}{\delta_0}
\tag{5-13}
$$

由此可见:变气隙厚度电感式传感器的测量范围与灵敏度及线性度相矛盾,因此变气隙厚度电感式传感器适用于测量微小位移。

衔铁上移,L-δ 特性曲线的切线斜率变大;衔铁下移,L-δ 特性曲线的切线斜率变小。无论上移或下移,非线性都将增大。为了减小非线性误差,实际测量中广泛采用差动变气隙厚度电感式传感器,如图 5-6 所示。

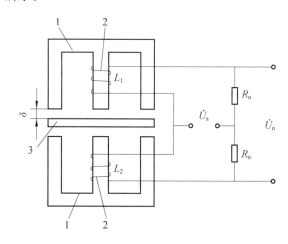

图 5-6 差动变气隙厚度电感式传感器
1—铁芯;2—线圈;3—衔铁

测量时,衔铁通过导杆与被测体相连,当被测体上下移动时,导杆带动衔铁也以相同的位移上下移动,使两个磁回路中磁阻发生大小相等、方向相反的变化,导致一个线圈的电感增大,另一个线圈的电感减小,构成差动形式。

衔铁上移 $\Delta\delta$,两个线圈的电感变化量 ΔL_1、ΔL_2 分别由式(5-10)及式(5-11)表示,传感器电感的总变化量 $\Delta L = \Delta L_1 + \Delta L_2$,具体表达式为

$$
\Delta L = \Delta L_1 + \Delta L_2 = 2L_0 \frac{\Delta\delta}{\delta_0}\left[1 + \left(\frac{\Delta\delta}{\delta_0}\right)^2 + \left(\frac{\Delta\delta}{\delta_0}\right)^4 + \cdots\right]
\tag{5-14}
$$

对式(5-14)进行线性处理,即忽略高次项,得

$$
\frac{\Delta L}{L_0} = 2 \frac{\Delta\delta}{\delta_0}
\tag{5-15}
$$

传感器的灵敏度 K_0 为

$$K_0 = \frac{\dfrac{\Delta L}{L_0}}{\Delta \delta} = \frac{2}{\delta_0} \tag{5-16}$$

与一般形式的变气隙厚度电感式传感器相比,差动变气隙厚度电感式传感器的优点如下。

① 差动变气隙厚度电感式传感器的灵敏度是一般形式的 2 倍。

② 由于差动变气隙厚度电感式传感器的非线性项等于一般形式的非线性项乘以 $\Delta \delta / \delta_0$ 因子,而 $\Delta \delta / \delta_0 \ll 1$,因此,差动式的线性度得到明显改善。

③ 克服了温度等外界共模信号的干扰。

为了使输出特性得到有效改善,构成差动形式的两个变气隙厚度电感式传感器在结构尺寸、材料、电气参数等方面均应完全一致。

5.2.3　测量电路

变气隙厚度电感式传感器的测量电路有交流电桥式测量电路、变压器式交流电桥电路以及谐振式测量电路等。

1. 交流电桥式测量电路

交流电桥式测量电路如图 5-7 所示。

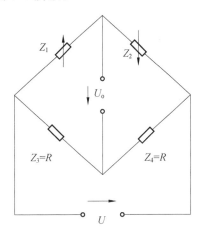

图 5-7　交流电桥式测量电路

当衔铁上移时,如 $Z_1 = Z + \Delta Z_1$,$Z_2 = Z - \Delta Z_2$,输出电压为

$$\dot{U}_0 = \dot{U} \cdot \left[\frac{Z_2}{Z_1 + Z_2} - \frac{R}{R + R}\right] = \dot{U} \cdot \frac{Z_2 - Z_1}{2(Z_1 + Z_2)} = -\dot{U} \cdot \frac{\Delta Z_1 + \Delta Z_2}{2(Z_1 + Z_2)} \tag{5-17}$$

$$\dot{U}_0 = -\dot{U} \cdot \frac{\Delta \delta}{\delta_0} \tag{5-18}$$

当衔铁下移时,输出电压为

$$\dot{U}_0 = \dot{U} \cdot \frac{\Delta \delta}{\delta_0} \tag{5-19}$$

2. 变压器式交流电桥电路

变压器式交流电桥电路如图 5-8 所示。

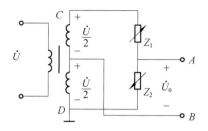

图 5-8 变压器式交流电桥电路

电桥两臂 Z_1、Z_2 为传感器线圈阻抗,另外两臂为交流变压器次级线圈的 1/2 阻抗。当负载阻抗为无穷大时,桥路输出电压为

$$\dot{U}_\circ = \frac{Z_2}{Z_1+Z_2}\dot{U} - \frac{1}{2}\dot{U} = \frac{Z_2-Z_1}{Z_1+Z_2}\frac{\dot{U}}{2} \tag{5-20}$$

当传感器的衔铁处于中间位置,即 $Z_1=Z_2=Z$ 时,$\dot{U}_\circ=0$,电桥平衡。

当传感器衔铁上移时,如 $Z_1=Z+\Delta Z$,$Z_2=Z-\Delta Z$,桥路输出电压为

$$\dot{U}_\circ = -\frac{\Delta Z}{Z}\frac{\dot{U}}{2} = -\frac{\Delta L}{L_0}\frac{\dot{U}}{2} \tag{5-21}$$

当传感器衔铁下移时,如 $Z_1=Z-\Delta Z$,$Z_2=Z+\Delta Z$,桥路输出电压为

$$\dot{U}_\circ = -\frac{\Delta Z}{Z}\frac{\dot{U}}{2} = \frac{\Delta L}{L_0}\frac{\dot{U}}{2} \tag{5-22}$$

由此可知:衔铁上下移动相同距离时,输出电压相位相反,大小随衔铁的位移而变化。由于 $\dot{U}$ 是交流电压,输出指示无法判断位移方向,必须配合相敏检波电路来判断。

3. 谐振式测量电路

谐振式测量电路分为谐振式调幅电路和谐振式调频电路。

谐振式调幅电路如图 5-9 所示。此电路灵敏度很高,但线性差,适用于对线性度要求不高的场合。

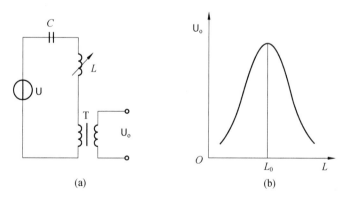

(a)   (b)

图 5-9 谐振式调幅电路

谐振式调频电路如图 5-10 所示。振荡频率 $f=1/(2\pi\sqrt{LC})$。当 L 变化时,振荡频率 f 随之变化,二者具有严重的非线性关系。根据振荡频率的大小即可测出被测量的值。

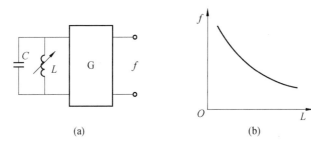

图 5-10 谐振式调频电路

5.2.4 变磁阻电感式传感器的应用

1. 变气隙厚度电感式压力传感器

变气隙厚度电感式压力传感器的结构如图 5-11 所示。

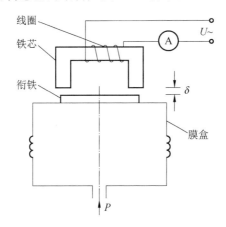

图 5-11 变气隙厚度电感式压力传感器的结构

当压力进入膜盒时,膜盒的顶端在压力 P 的作用下产生与压力 P 大小成正比的位移,于是衔铁也移动,从而使气隙发生变化,流过线圈的电流也发生相应的变化,电流表 A 的指示值就反映了被测压力的大小。

2. 差动变气隙厚度电感式压力传感器

差动变气隙厚度电感式压力传感器的结构如图 5-12 所示。

当被测压力进入 C 形弹簧管时,C 形弹簧管变形,其自由端产生位移,带动与自由端连接成一体的衔铁运动,使线圈 1 和线圈 2 中的电感发生大小相等、符号相反的变化,即一个电感增大,另一个电感减小。电感的这种变化通过电桥电路转换成电压输出。由于输出电压与被测压力之间呈一定的比例关系,因此只要用检测仪表测得输出电压,即可得知被测压力的大小。

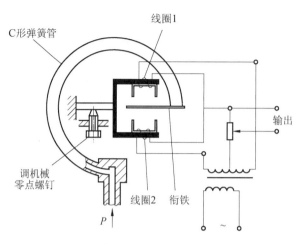

图 5-12　差动变气隙厚度电感式压力传感器的结构

5.3　电涡流电感式传感器

5.3.1　工作原理

电涡流电感式传感器可以测量位移、厚度、转速、振动、硬度等参数,还可以进行无损探伤,是一种应用广泛且有发展前途的传感器。

电涡流电感式传感器是利用涡流效应原理,将位移等非电量转换为阻抗的变化(或电感的变化、Q 值的变化),从而实现非电量电测的。其原理如图 5-13 所示。

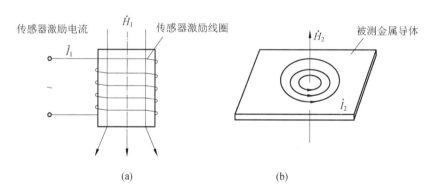

(a)　　　　　　　　　　　　(b)

图 5-13　电涡流电感式传感器原理

根据法拉第定律,当传感器线圈通以正弦交变电流 I_1 时,线圈周围空间必然产生正弦交变磁场 H_1,使置于此磁场中的金属导体中产生感应电涡流 I_2,I_2 又产生新的交变磁场 H_2。

根据楞次定律,H_2 的作用将削弱原磁场 H_1。由于磁场 H_2 的作用,涡流要消耗一部分能量,导致传感器线圈的等效阻抗发生变化。线圈阻抗的变化完全取决于被测金属导体的涡流效应。

传感器线圈受涡流效应影响时的等效阻抗 Z 的函数表达式为

$$Z = F(\rho, \mu, r, f, x) \tag{5-23}$$

式中:r——线圈与被测体的尺寸因子。

测量方法：如果保持式(5-23)中其他参数不变，而只改变其中一个参数，传感器线圈阻抗 Z 就仅仅是这个参数的单值函数。通过与传感器配用的测量电路测出阻抗 Z 的变化量，即可实现对该参数的测量。

5.3.2　基本特性

电涡流电感式传感器的简化模型如图 5-14 所示。

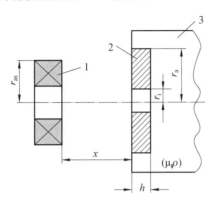

图 5-14　电涡流电感式传感器的简化模型

1—线圈；2—金属导体；3—电涡流范围

电涡流电感式传感器简化模型中，把在被测金属导体上形成的电涡流等效成一个短路环，即假设电涡流仅分布在环体之内，模型中 h（电涡流的贯穿深度）可由下式求得：

$$h = \sqrt{\frac{\rho}{\pi \mu_0 \mu_r f}} \tag{5-24}$$

式中：f——线圈激磁电流的频率。

根据简化模型，可画出等效电路，如图 5-15 所示。

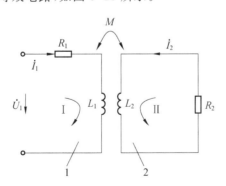

图 5-15　电涡流电感式传感器的等效电路

1—传感器线圈；2—电涡流短路环

图中 R_2 为电涡流短路环的等效电阻，其表达式为

$$R_2 = \frac{2\pi\rho}{h \ln \dfrac{r_a}{r_i}} \tag{5-25}$$

根据基尔霍夫第二定律，可列出如下方程：

$$\left.\begin{array}{l} R_1 \dot{I}_1 + j\omega L_1 \dot{I}_1 - j\omega M \dot{I}_2 = \dot{U}_1 \\ -j\omega M \dot{I}_1 + R_2 \dot{I}_2 + j\omega L_2 \dot{I}_2 = 0 \end{array}\right\}$$ (5-26)

解得等效阻抗为

$$Z = \frac{\dot{U}_1}{\dot{I}_1} = R_1 + \frac{\omega^2 M^2}{R_2^2 + \omega^2 L_2^2} R_2 + j\omega \left[L_1 - \frac{\omega^2 M^2}{R_2^2 + \omega^2 L_2^2} L_2 \right] = R_{eq} + j\omega L_{eq}$$ (5-27)

$$R_{eq} = R_1 + \frac{\omega^2 M^2}{R_2^2 + \omega^2 L_2^2} R_2$$ (5-28)

$$L_{eq} = L_1 - \frac{\omega^2 M^2}{R_2^2 + \omega^2 L_2^2} L_2$$ (5-29)

线圈的等效品质因数 Q 值为

$$Q_{eq} = \frac{\omega L_{eq}}{R_{eq}}$$ (5-30)

由此可见:因涡流效应,L_{eq} 减小,R_{eq} 增大,线圈的品质因数 Q 值下降。

5.3.3 电涡流电感式传感器测量电路

电涡流电感式传感器的测量电路主要有调频式、调幅式两种形式。

1. 调频式测量电路

调频式测量电路示意图如图 5-16 所示。

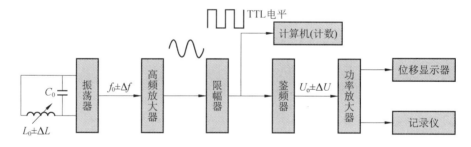

图 5-16 调频式测量电路示意图

传感器线圈接入 LC 振荡回路,当传感器与被测金属导体距离 x 改变时,在涡流效应的影响下,传感器的电感变化将导致振荡频率的变化,该变化的频率是距离 x 的函数,即 $f = L(x)$,该频率可由数字频率计直接测量,或者通过 $f\text{-}V$ 变换,用数字电压表测量对应的电压。

振荡器的频率为

$$f = \frac{1}{2\pi \sqrt{L(x)C}}$$ (5-31)

为了避免输出电缆分布电容的影响,通常将 L、C 装在传感器内。此时输出电缆分布电容并联在其他电容上,因而对振荡频率 f 的影响将大大减小。

2. 调幅式测量电路

调幅式测量电路由传感器线圈 L、电容器 C 和石英晶体振荡器组成,其示意图如图 5-17 所示。

石英晶体振荡器起恒流源的作用,给谐振回路提供一个频率(f_0)稳定的激励电流 i_0,LC

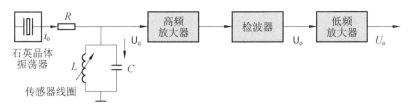

图 5-17 调幅式测量电路示意图

回路输出电压。

$$Z = \mathrm{j}\omega L \parallel \frac{1}{\mathrm{j}\omega C} = \frac{\mathrm{j}\omega L}{1 - \omega^2 LC} \tag{5-32}$$

$$U_\circ = i_\circ \cdot Z = i_\circ \cdot \frac{\mathrm{j}\omega L}{1 - \omega^2 LC} \tag{5-33}$$

式中：Z——LC 回路的阻抗。

当金属导体远离或去掉时，LC 并联谐振回路的谐振频率即为石英晶体振荡器的振荡频率 $f_\circ$，回路呈现的阻抗最大。谐振回路上的输出电压也最大。当金属导体靠近传感器线圈时，线圈的等效电感 L 发生变化，导致回路失谐，从而使输出电压降低；L 的数值随距离 x 的变化而变化，因此，输出电压也随 x 的变化而变化。输出电压经放大、检波后，通过指示仪表直接显示出 x 的大小。

除此之外，交流电桥电路也是常用的测量电路，此处不做详细介绍。

5.3.4 电涡流电感式传感器的应用

1. 位移测量

位移测量如图 5-18 所示。

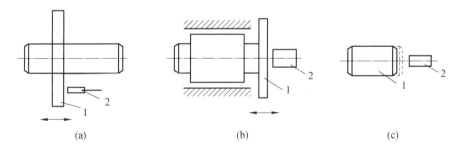

| (a) | (b) | (c) |

图 5-18 位移测量

图中：1 为被测物体，2 为传感器；(a) 为汽轮机主轴的轴向位移测量示意图，(b) 为磨床换向阀、先导阀的位移测量示意图，(c) 为金属试件的热膨胀系数测量示意图。

2. 振幅测量

振幅测量如图 5-19 所示。

图中：1 为被测物体，2 为传感器；(a) 为汽轮机和空气压缩机常用的监控主轴的径向振动的示意图，(b) 为测量发动机涡轮叶片的振幅的示意图，(c) 为通常数个传感器探头并排地安置在轴附近的测量示意图。

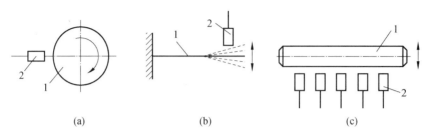

图 5-19　振幅测量

3. 厚度测量

电涡流电感式传感器可对金属板厚度或非金属板的镀层厚度进行非接触测量。厚度测量如图 5-20 所示。

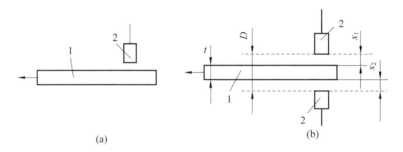

图 5-20　厚度测量

1—被测物体；2—传感器

$$t = D - (x_1 + x_2) \qquad (5-34)$$

由于存在趋肤效应，镀层或箔层越薄，电涡流越小。测量前，可先用电涡流测厚仪对标准厚度的镀层或箔层进行测量，作出厚度-输出电压的标定曲线，以便测量时对照。

4. 转速测量

转速测量如图 5-21 所示。

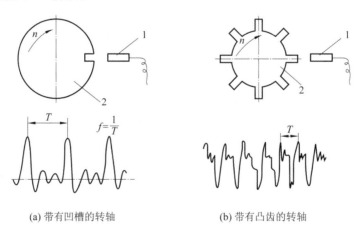

(a) 带有凹槽的转轴　　　　(b) 带有凸齿的转轴

图 5-21　转速测量

1—传感器；2—被测物体

当旋转体转动时,传感器将输出周期信号,经放大、整形后,可用频率计指示出频率值 f,该值与转速有关,从而可得转速。若转轴上开 n 个槽(或有 n 个齿),频率计的读数为 f(单位为 Hz),则转轴的转速 N(单位为 r/min)的计算公式为

$$N = \frac{f}{n} \times 60$$

5.无损探伤

电涡流电感式传感器可以用来检查金属的表面裂纹、热处理裂纹,以及用于焊接部位的探伤等,如图 5-22 所示。综合参数的变化将引起传感器参数的变化,通过测量传感器参数的变化即可达到探伤的目的。

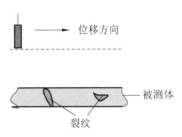

图 5-22　无损探伤示意图

探伤时导体与线圈之间有相对运动速度,在测量线圈上就会产生调制频率信号。

在探伤时,重要的是缺陷信号和干扰信号比。为获得需要的频率,采用滤波器使某一频率的信号通过,使干扰信号衰减,如图 5-23 所示。

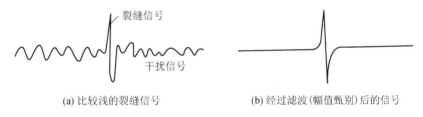

(a) 比较浅的裂缝信号　　　　　　　　(b) 经过滤波(幅值甄别)后的信号

图 5-23　探伤时的测量信号

5.4　差动变压器电感式传感器

把被测的非电量变化转换为线圈互感变化的传感器称为互感式传感器。这种传感器是根据变压器的基本原理制成的,并且次级绕组用差动形式连接,故又称差动变压器电感式传感器。

差动变压器的结构形式有变隙式、变面积式和螺线管式等。

在非电量测量中,应用最多的是螺线管式差动变压器,它可以测量 1～100 mm 的机械位移,并具有测量精度高、灵敏度高、结构简单、性能可靠等优点。

5.4.1　变隙式差动变压器

1.工作原理

变隙式差动变压器的结构如图 5-24 所示。假设:初级绕组 $W_{1a} = W_{1b} = W_1$,次级绕组 $W_{2a} =$

$W_{2b}=W_2$。两个初级绕组的异名端相连,即顺向串联;两个次级绕组的同名端相连,即反向串联。

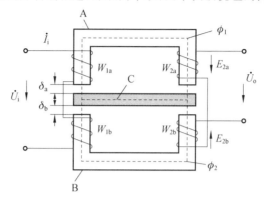

图 5-24 变隙式差动变压器结构

当被测体没有位移时,衔铁 C 处于初始平衡位置,它与两个铁芯的间隙 $\delta_a=\delta_b=\delta_0$,则绕组 W_1 和 W_{2a} 间的互感 M_a 与绕组 W_{1b} 和 W_{2b} 的互感 M_b 相等,致使两个次级绕组的互感电动势相等,即 $E_{2a}=E_{2b}$。由于次级绕组反向串联,因此,差动变压器输出电压 $U_o=E_{2a}-E_{2b}=0$。

当被测体有位移时,与被测体相连的衔铁的位置将发生相应的变化,使 $\delta_a\neq\delta_b$,互感 $M_a\neq M_b$,两次级绕组的互感电动势 $E_{2a}\neq E_{2b}$,输出电压 $U_o=E_{2a}-E_{2b}\neq 0$,即差动变压器有电压输出,此电压的大小与极性反映被测体位移的大小和方向。

2.输出特性

在忽略铁损(即涡流与磁滞损耗)、漏感,以及变压器次级开路(或负载阻抗足够大)的条件下,等效电路如图 5-25 所示。R_{1a} 与 L_{1a}、R_{1b} 与 L_{1b}、R_{2a} 与 L_{2a}、R_{2b} 与 L_{2b} 分别为 W_{1a}、W_{1b}、W_{2a}、W_{2b} 绕组的直流电阻与电感。

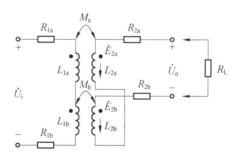

图 5-25 变隙式差动变压器的等效电路

当 $R_{1a}\ll\omega L_{1a}$、$R_{1b}\ll\omega L_{1b}$ 时,如果不考虑铁芯与衔铁中磁阻的影响,可得变隙式差动变压器输出电压 U_o 的表达式,即

$$\dot{U}_o=-\frac{\delta_b-\delta_a}{\delta_b+\delta_a}\frac{W_2}{W_1}\dot{U}_i \qquad (5-35)$$

分析:当衔铁处于初始平衡位置时,因 $\delta_a=\delta_b=\delta_0$,故 $U_o=0$。但是如果被测体带动衔铁移动,例如向上移动 $\Delta\delta$(假设向上移动为正)时,则有 $\delta_a=\delta_0-\Delta\delta$,$\delta_b=\delta_0+\Delta\delta$,代入式(5-35)可得

$$\dot{U}_o=-\frac{W_2}{W_1}\frac{\dot{U}_i}{\delta_0}\Delta\delta \qquad (5-36)$$

式(5-36)表明:变压器输出电压 U_o 与衔铁位移量 $\Delta\delta/\delta_0$ 成正比。

"一"的意义：当衔铁向上移动时，$\Delta\delta/\delta_0$ 定义为正，变压器输出电压 U_o 与输入电压 U_i 反相（相位差 $180°$）；而当衔铁向下移动时，$\Delta\delta/\delta_0$ 则为 $-|\Delta\delta/\delta_0|$，表明 U_o 与 U_i 同相。

图 5-26 所示为变隙式差动变压器输出电压 U_o 与位移 $\Delta\delta$ 的关系曲线，即输出特性。变隙式差动变压器灵敏度 K 的表达式为

$$K = \frac{\dot{U}_o}{\Delta\delta} = \frac{W_2}{W_1}\frac{\dot{U}_i}{\delta_0} \tag{5-37}$$

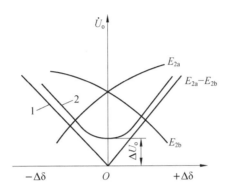

图 5-26　变隙式差动变压器的输出特性

1—理想特性；2—实际特性

分析可得如下结论：

① 首先，供电电源 U_i 要稳定（获取稳定的输出特性）；其次，适当提高电源幅值可以提高灵敏度 K，但要以变压器铁芯不饱和以及允许温升为条件。

② 增大 W_2/W_1 的比值和减小 δ_0 都能使灵敏度 K 提高（W_2/W_1 影响变压器的体积及零点残余电压 ΔU_o；一般选择传感器的 δ_0 为 0.5 mm）。

③ 以上分析的结果是在忽略铁损和线圈中的分布电容等条件下得到的，如果考虑这些因素影响，传感器性能将变差（灵敏度降低、非线性加大等）。但是，在一般工程应用中这些因素是可以忽略的。

④ 以上结果是在假定工艺上严格对称的前提下得到的，而实际上很难做到这一点，因此传感器实际输出特性存在零点残余电压。

⑤ 变压器副边开路的条件对由电子线路构成的测量电路来讲容易满足，但如果直接配接低输入阻抗电路，须考虑变压器副边电流对输出特性的影响。

5.4.2　螺线管式差动变压器

1. 工作原理

螺线管式差动变压器的结构如图 5-27 所示。

两个次级线圈反向串联，并且在忽略铁损、导磁体磁阻和线圈分布电容的理想条件下，其等效电路如图 5-28 所示。

当初级绕组加以激励电压 U 时，根据变压器的工作原理，两个次级绕组 W_{2a} 和 W_{2b} 中会产生感应电动势 E_{2a} 和 E_{2b}。如果工艺上保证变压器结构完全对称，则当活动衔铁处于初始平衡位置时，必然会使两互感系数 $M_1 = M_2$。根据电磁感应原理，将有 $E_{2a} = E_{2b}$。由于变压器两次

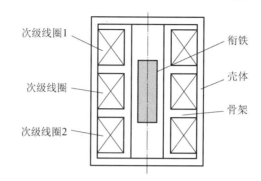

图 5-27　螺线管式差动变压器结构

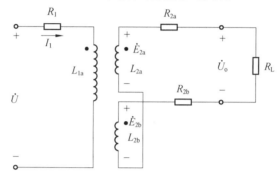

图 5-28　螺线管式差动变压器的等效电路

级绕组反向串联,因而 $U_o = E_{2a} - E_{2b} = 0$,即差动变压器输出电压为零。

当活动衔铁向上移动时,由于磁阻的影响,W_{2a} 中的磁通将大于 W_{2b} 中的磁通,使 $M_1 > M_2$,因此 E_{2a} 增大,而 E_{2b} 减小。反之,E_{2b} 增大,E_{2a} 减小。因为 $U_o = E_{2a} - E_{2b}$,所以当 E_{2a}、E_{2b} 随着衔铁位移 x 的变化而变化时,U_o 也必将随 x 的变化而变化。

当衔铁位于中心位置时,差动变压器输出电压并不等于零,我们把差动变压器在零位移时的输出电压称为零点残余电压,记作 ΔU_o。它的存在使传感器的输出特性不经过零点,造成实际特性与理论特性不完全一致,如图 5-29 所示。

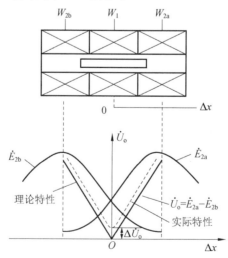

图 5-29　螺线管式差动变压器的输出特性

2. 基本特性

根据螺线管式差动变压器的等效电路,当次级开路时,有

$$I_1 = \frac{\dot{U}}{R_1 + j\omega L_1} \tag{5-38}$$

式中:$\dot{U}$——初级绕组激励电压;

　　ω——激励电压$\dot{U}$的角频率;

　　I_1——初级绕组激励电流;

　　R_1、L_1——初级绕组的直流电阻和电感。

根据电磁感应定律,次级绕组中感应电动势的表达式分别为

$$\left.\begin{array}{l} \dot{E}_{2a} = -j\omega M_1 I_1 \\ \dot{E}_{2b} = -j\omega M_2 I_1 \end{array}\right\} \tag{5-39}$$

由于两次级绕组反向串联,且考虑到次级开路,由以上关系可得

$$\dot{U}_o = \dot{E}_{2a} - \dot{E}_{2b} = -\frac{j\omega(M_1 - M_2)\dot{U}}{R_1 + j\omega L_1} \tag{5-40}$$

式(5-40)说明,当激磁电压的幅值 U 和角频率 ω、初级绕组的直流电阻 R_1 及电感 L_1 为定值时,差动变压器输出电压仅仅是初级绕组与两次级绕组之间互感之差的函数。

只要求出互感 M_1 和 M_2 与活动衔铁位移 x 的关系式,便可得到螺线管式差动变压器的基本特性表达式。

输出电压的有效值为

$$U_o = \frac{\omega(M_1 - M_2)U}{\sqrt{R_1^2 + (\omega L_1)^2}} \tag{5-41}$$

(1) 活动衔铁处于中间位置时,$M_1 = M_2 = M$,故 $U_o = 0$。

(2) 活动衔铁向上移动时,$M_1 = M + \Delta M$,$M_2 = M - \Delta M$,故

$$U_o = \frac{2\omega \Delta M U}{\sqrt{R_1^2 + (\omega L_1)^2}} \tag{5-42}$$

且与 $\dot{E}_{2a}$ 同极性。

(3) 活动衔铁向下移动时,$M_1 = M - \Delta M$,$M_2 = M + \Delta M$,故

$$U_o = \frac{2\omega \Delta M U}{\sqrt{R_1^2 + (\omega L_1)^2}} \tag{5-43}$$

且与 $\dot{E}_{2b}$ 同极性。

3. 螺线管式差动变压器电感式传感器的测量电路

分析上述特性,我们会发现以下问题:

① 差动变压器的输出是交流电压(用交流电压表测量,只能反映衔铁位移的大小,不能反映位移的方向);

② 测量值中将包含零点残余电压。

为了辨别移动方向和消除零点残余电压,实际测量时,常常采用差动整流电路和相敏检波电路。

1）差动整流电路

这种电路是把差动变压器的两个次级输出电压分别整流，然后将整流的电压或电流的差值作为输出的测量电路，如图 5-30 所示。

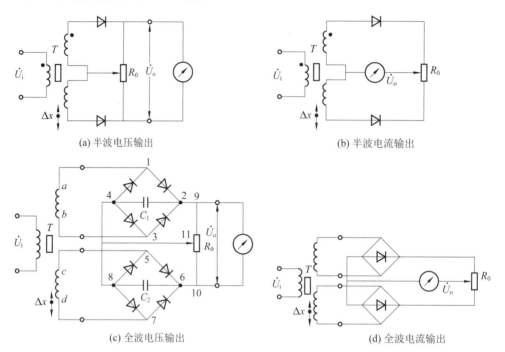

(a) 半波电压输出　　　　　　　　　　(b) 半波电流输出

(c) 全波电压输出　　　　　　　　　　(d) 全波电流输出

图 5-30　差动整流电路

从图 5-30(c)所示电路结构可知，不论两个次级绕组的输出瞬时电压极性如何，流经电容 C_1 的电流方向总是从 2 到 4，流经电容 C_2 的电流方向总是从 6 到 8，故整流电路的输出电压为

$$\dot{U}_2 = \dot{U}_{24} - \dot{U}_{68} \tag{5-44}$$

2）相敏检波电路

这种电路的示意图如图 5-31 所示。

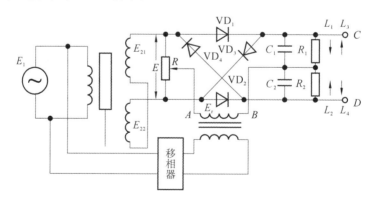

图 5-31　相敏检波电路示意图

使调制电压 E_r 和信号 E 同频同相或反相，且 $E_r \gg E$，$R_1 = R_2 = R_0$，$C_1 = C_2$，R 调平衡，输出电压为 U_{CD}。

铁芯在零位时，$E = 0$，仅 E_r 作用，$U_{CD} = 0$。

铁芯上移时,$E \neq 0$,设 E 和 E_r 同相。E_r 在正半周时,VD_1、VD_2 导通,过 VD_1 回路的总电动势为 $E_r + E$,过 VD_2 回路的总电动势为 $E_r - E$,因此,回路电流 $I_1 > I_2$,输出 $U_{CD} = R_0(I_1 - I_2) > 0$;$E_r$ 在负半周时,$U_{CD} = R_0(I_4 - I_3) > 0$。因此,铁芯上移时 $U_{CD} > 0$。

铁芯下移时,E 和 E_r 反相,同理可得 $U_{CD} < 0$。

由此可判别铁芯移动方向。

4. 零点残余电压

1) 零点残余电压的产生原因

零点残余电压主要是由传感器的两次级绕组的电气参数和几何尺寸不对称,以及磁性材料的非线性等引起的。零点残余电压的波形十分复杂,主要由基波分量和高次谐波分量组成。

(1) 基波分量。

差动变压器的两个次级绕组不可能完全一致,因此其等效电路参数(互感 M、自感 L 及损耗电阻 R)不相同,从而使两个次级绕组的感应电动势不等。又因初级线圈中铜损电阻、导磁材料的铁损和材质不均匀,线圈匝间存在电容等,激励电流与所产生的磁通相位不同。

(2) 高次谐波分量。

高次谐波分量主要由导磁材料磁化曲线的非线性引起。受磁滞损耗和铁磁饱和的影响,激励电流与磁通波形不一致而产生非正弦(主要是三次谐波)磁通,从而在次级绕组中感应出非正弦电动势。另外,激励电流波形失真,其内含高次谐波分量,这样也将导致零点残余电压中有高次谐波分量。

零点残余电压一般在几十毫伏以下,在实际中,应设法减小,否则将会影响传感器的测量结果。

2) 零点残余电压的消除方法

(1) 从设计和工艺上保证结构对称性。

为保证线圈和磁路的结构对称性,先要提高加工精度,线圈选配成对,采用磁路可调节结构。其次,选高磁导率、低矫顽力、低剩磁感应的导磁材料,并经过热处理,消除残余应力,提高磁性能的均匀性和稳定性。由高次谐波产生的原因可知,磁路工作点应选在磁化曲线的线性段。

(2) 选用合适的测量电路。

采用相敏检波电路不仅可鉴别衔铁移动方向,而且可消除衔铁在中间位置时由高次谐波引起的零点残余电压。如图 5-32 所示,采用相敏检波测量电路后,衔铁反行程时的特性曲线由 1 变到 2,消除了零点残余电压。

(3) 采用补偿电路。

① 调相位式残余电压补偿电路。

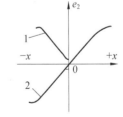

图 5-32　相敏检波后的输出特性

两个次级绕组感应电压相位不同,用电容或电阻可改变其一的相位。如图 5-33(a)所示,R 的分流作用使流入传感器线圈的电流发生变化,从而改变磁化曲线工作点,减小高次谐波所产生的零点残余电压。如图 5-33(b)所示,串联 R 可调整次级绕组的电阻分量。

② 电位器调零点残余电压补偿电路。

如图 5-34 所示,并联电位器 W 用于电气调零,改变两次级绕组输出电压的相位。电容 C(0.02 μF)可防止调整电位器时零点移动。

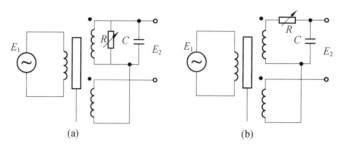

图 5-33　调相位式残余电压补偿电路

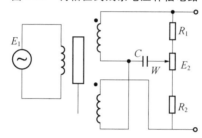

图 5-34　电位器调零点残余电压补偿电路

③ R 或 L 补偿电路。

如图 5-35 所示，接入补偿电阻 R_0（几十万欧），避免负载不是纯电阻而引起较大的零点残余电压；或接入补偿线圈 L_0（几百匝），绕在差动变压器的次级绕组上以减小负载电压。

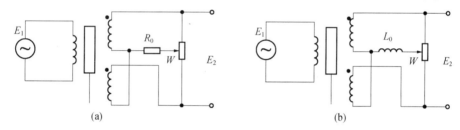

图 5-35　R 或 L 补偿电路

5.4.3　差动变压器电感式传感器的应用

差动变压器电感式传感器可直接用于位移测量，也可以测量与位移有关的任何机械量，如振动、加速度、应变、比重、张力和厚度等。

1. 差动变压器电感式加速度传感器

差动变压器电感式加速度传感器由悬臂梁和差动变压器构成。其原理如图 5-36 所示。测量时，将悬臂梁底座及差动变压器的线圈骨架固定，而将衔铁的一端与被测振动体相连。此时传感器作为加速度测量中的惯性元件，它的位移与被测加速度成正比，加速度测量转变为位移测量。当被测振动体带动衔铁以 $\Delta x(t)$ 振动时，差动变压器的输出电压也按相同规律变化。

测振动体的频率和振幅时，激磁频率必须达被测频率的 10 倍以上才有精确结果，可测 0.1～5 mm 的振幅、0～150 Hz 的频率。

2. 微压力变送器

差动变压器与弹性敏感元件（膜片、膜盒和弹簧管等）结合，可组成各种形式的压力传感

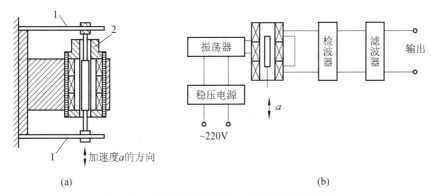

图 5-36 差动变压器电感式加速度传感器原理

1—悬臂梁；2—差动变压器

器。其中微压力变送器可分挡测量$-5\times10^5\sim6\times10^5$ N/m^2 的压力，输出信号电压为 $0\sim50$ mV，精度为 1.5 级。

其原理如图 5-37 所示。当被测压力 P 输入到膜盒中，膜盒的自由端面便产生一个与压力 P 成正比的位移。因此，差动变压器有正比于被测压力的电压输出。

膜盒由两片波纹膜片焊接而成。所谓波纹膜片是一种压有同心波纹的圆形薄膜。当膜片四周固定、两侧面存在压差时，膜片将弯向压力低的一侧，因此能够将压力变换为直线位移。

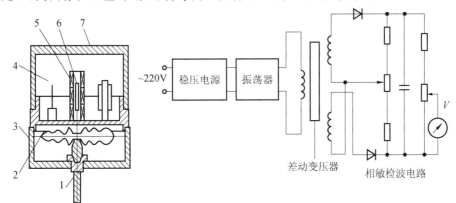

图 5-37 微压力变送器原理

1—接头；2—膜盒；3—底座；4—线路板；5—差动变压器；6—衔铁；7—罩亮

3．其他应用

其他应用如图 5-38 所示。

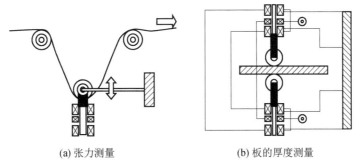

(a) 张力测量　　　　　　　(b) 板的厚度测量

图 5-38 其他应用

能力训练

5-1 电感式传感器有几类,各有何特点?

5-2 什么是零点残余电压?它产生的原因是什么?怎么消除?

5-3 今有一悬臂梁,在其中部的上、下两面各贴两片应变片,组成全桥,如图 5-39 所示。悬臂梁一端受一向下力 $F=0.5$ N,试求此时这四个应变片的电阻值。已知:应变片灵敏系数 $K=2.1$;应变片空载电阻 $R_0=120$ Ω。

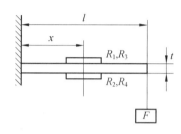

图 5-39 题 5-3 图

5-4 差动变压器电感式传感器的测量电路为什么经常采用相敏检波(或差动整流)电路?试分析其原理。

5-5 已知一差动整流电桥电路如图 5-40 所示。电路由差动变压器电感式传感器 Z_1、Z_2 及平衡电阻 R_1、R_2($R_1=R_2$)组成。输入为交流电源 U_i,输出为 U_o,试分析该电路的工作原理。

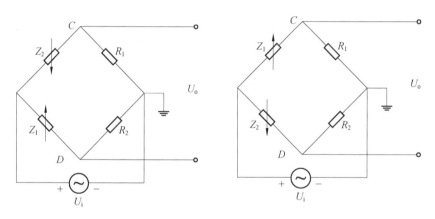

图 5-40 题 5-5 图

课外拓展

1.将一只 380 V 交流接触器线圈与交流毫安表串联后,接到机床用控制变压器的 36 V 交流电压源上,如图 5-41 所示。这时毫安表的示值约为几十毫安。用手慢慢将接触器的衔铁往下按,我们会发现毫安表的读数逐渐减小。当衔铁与固定铁芯之间的气隙等于零时,毫安表的读数只剩下十几毫安。试分析并说明原因。

2.利用电涡流电感式传感器,试设计一种连续油管的椭圆度测量方案,如图 5-42 所示,并说明其测量原理。

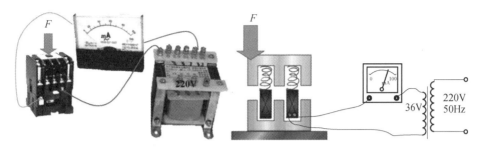

图 5-41　线圈与电流表串联示意图

图 5-42　椭圆度测量示意图

第6章　压电式传感器

> **学习目标**
>
> - 理解压电效应、正压电效应、逆压电效应的基本概念
> - 掌握石英晶体具有压电效应特性的分子结构特性、压电陶瓷的压电特性
> - 理解压电式传感器的等效电路、电荷放大电路和电压放大电路
> - 能够分析压电元件的连接特性
> - 了解压电式传感器的典型应用

实例导入

人类体检,经常做生理量的测量,比如血压、心音、脉搏等体内和体表检测;尤其是孕妇,当胎儿达到一定的年龄后,会进行胎心监测,监测结果作为衡量胎儿是否健康的一项指标。你们知道这些测量是怎么实现的吗? 如何将这些生理量转变成可衡量的数字量输出?

6.1　工作原理

压电式传感器以压电效应为基础工作,在外力作用下,在电介质的表面上产生电荷,从而实现非电量测量,是典型的有源传感器。压电式传感元件是力敏感元件,所以它可以测量最终能变换为力的那些物理量,例如力、压力、加速度等各种动态力,机械冲击与振动等。

压电式传感器具有响应频带宽、灵敏度高、信噪比大、结构简单、工作可靠、质量小等优点,因此,在工程力学、生物医学、石油勘探、声波测井、宇航等技术领域应用广泛。

6.1.1　压电效应

某些介质,当沿着一定方向对其施力使其变形时,其内部产生极化现象,同时在两个表面上产生符号相反的电荷;当外力去掉后,又重新恢复到不带电状态;当作用力方向改变时,电荷的极性也随之改变。这种现象称为压电效应,又称为正压电效应。正压电效应将机械能转变为电能。

反之,某些具有压电效应的介质材料,在其极化方向施加电场,这些电介质就在一定方向上产生机械变形或机械应力;当外加电场撤去时,这些变形或应力也随之消失。这种现象称为逆压电效应。逆压电效应将电能转变为机械能。

压电式传感器就是利用压电效应工作的,其原理如图6-1所示。

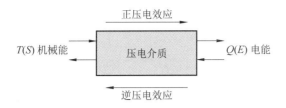

图 6-1　压电式传感器的工作原理

6.1.2　压电材料

自然界中,很多物质都具有压电效应和逆压电效应,但一般都十分微弱。最早发现的具有压电效应的材料是石英晶体。1948 年第一个石英传感器制作成功。之后,陶瓷材料以及近些年发展起来的有机高分子聚合材料,也都具有较强的压电效应。

1. 石英晶体

石英晶体的化学式为 SiO_2,它是一个正六面体,单晶体结构,如图 6-2 所示。

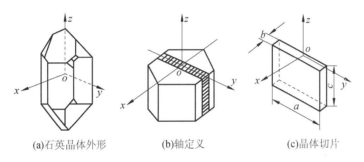

(a)石英晶体外形　　　(b)轴定义　　　(c)晶体切片

图 6-2　石英晶体

石英晶体是各向异性材料,不同晶向具有各异的物理特性,用 x、y、z 轴来描述。其中纵向的 z 轴称为光轴,经过六面体棱线并垂直于光轴的 x 轴称为电轴,与 x 轴和 z 轴同时垂直的 y 轴称为机械轴。通常把在沿电轴 x 方向的力的作用下产生的压电效应称为纵向压电效应,而把在沿机械轴 y 方向的力的作用下产生的压电效应称为横向压电效应。沿光轴 z 方向的力的作用不产生压电效应。

1) 石英晶体的压电效应

石英晶体不是在任何方向都存在压电效应的,其压电效应特性与其内部的分子结构有关,图 6-3 所示为石英晶体压电模型。一个单元组体中构成石英晶体的硅离子($\oplus$)和氧离子($\ominus$),在垂直于 z 轴的 xoy 平面上的投影,等效为一个正六边形排列。图中,$\oplus$代表 Si^{4+},$\ominus$代表 O^{2-}。

(1) 当石英晶体未受外力作用时,正负离子正好分布在正六边形的顶角上,形成三个互成 120°夹角的电偶极矩 P_1、P_2、P_3。因为 $P=ql$,此时正负电荷重心重合,电偶极矩的矢量和等于零,即 $P_1+P_2+P_3=0$,所以晶体表面不产生电荷,即呈中性。

(2) 当石英晶体受到沿 x 轴方向的压力 F_x 作用时,晶体沿 x 轴方向将产生压缩变形,正负离子的相对位置也随之变动,如图 6-3(b)所示。此时正负电荷重心不再重合,电偶极矩在 x 轴方向上的分量由于 P_1 的减小和 P_2、P_3 的增大而不等于零,即 $P_{1x}+P_{2x}+P_{3x}>0$,而在 y

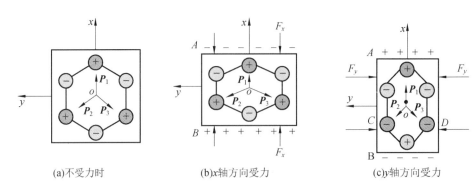

| (a)不受力时 | (b)x轴方向受力 | (c)y轴方向受力 |

图 6-3 石英晶体压电模型

轴、z 轴方向上的分量 $P_{1y}+P_{2y}+P_{3y}=0$，$P_{1z}+P_{2z}+P_{3z}=0$。因此，在 x 轴的正方向出现负电荷，y 轴、z 轴方向不出现电荷。当作用力 F_x 的方向相反时，电荷的极性也随之改变。

（3）当石英晶体受到沿 y 轴方向的压力 F_y 作用时，晶体的变形如图 6-3(c)所示。与图 6-3(b)情况相似，P_1 增大，P_2、P_3 减小，$P_{1x}+P_{2x}+P_{3x}<0$，在 x 轴正方向出现正电荷，在 y 轴方向上仍不出现电荷。当作用力 F_y 的方向相反时，电荷的极性也随之改变。

（4）如果沿 z 轴方向施加作用力，因为石英晶体在 x 轴方向和 y 轴方向所产生的形变完全相同，所以正负电荷重心保持重合，电偶极矩矢量和等于零，所以不会产生压电效应。

2）石英晶体的压电效应参数分析

（1）若从石英晶体上沿 y 轴方向切下一块如图 6-2(c)所示的晶体切片，使得它的晶面分别平行于 x 轴、y 轴、z 轴，并在垂直 x 轴方向两面用真空镀膜或沉银法得到电极面，则当沿 x 轴方向施加作用力 F_x 时，在与 x 轴垂直的平面上将产生电荷 q_x，其大小为

$$q_x = d_{11}F_x \tag{6-1}$$

式中：d_{11}——x 轴方向受力的压电常数，$d_{11}=2.3\times10^{-12}$ C/N。

其极间电压为

$$U_x = \frac{q_x}{C_x} = d_{11}\frac{F_x}{C_x} \tag{6-2}$$

式中：C_x——电极面间电容，$C_x=\frac{\varepsilon_0\varepsilon_r ac}{b}$。

电荷 q_x 的符号由作用力 F_x 的方向（为压力或拉力）而定。由公式(6-1)可知，沿 x 轴方向的力作用在晶体上时，产生的电荷 q_x 大小与切片的几何尺寸无关。

（2）若在同一切片上，沿 y 轴方向施加作用力 F_y，则仍在与 x 轴垂直的平面上产生电荷 q_y，其大小为

$$q_y = d_{12}\frac{a}{b}F_y = -d_{11}\frac{a}{b}F_y \tag{6-3}$$

式中：d_{12}——y 轴方向受力的压电常数，根据石英晶体的对称性，有 $d_{12}=-d_{11}$；

a、b——晶体切片的长度和厚度。

由公式(6-3)可知，沿 y 轴方向的力作用于晶体时，产生的电荷 q_y 大小与晶体切片的几何尺寸有关。在相同的作用力下，晶体切片的长度越大、厚度越小，产生的电荷量越多，压电效应越明显。

（3）沿 z 轴方向施加作用力，不会产生压电效应，也不会产生电荷。

由以上分析可知：

① 石英晶体切片受力产生压电效应时，所产生的电荷的符号与受力方向的关系如图 6-4 所示。

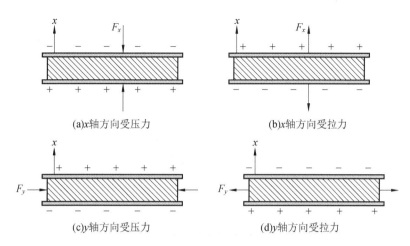

(a)x轴方向受压力　　　　　　　　(b)x轴方向受拉力

(c)y轴方向受压力　　　　　　　　(d)y轴方向受拉力

图 6-4　电荷符号与受力方向的关系

② 无论是正压电效应还是逆压电效应，其作用力与电荷之间均成线性关系。

③ 晶体在某个方向上有正压电效应，则在此方向上一定存在逆压电效应。

2. 压电陶瓷

压电陶瓷是人工制造的多晶体压电材料，材料内部的晶粒有许多自发极化的电畴，它有一定的极化方向，从而存在电场。在无外电场作用时，电畴在晶体中杂乱分布，它们各自的极化效应相互抵消，压电陶瓷内极化强度为零。因此原始的压电陶瓷呈中性，不具有压电性质，如图 6-5(a)所示。

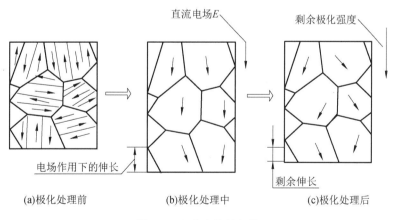

(a)极化处理前　　　　　　(b)极化处理中　　　　　　(c)极化处理后

图 6-5　压电陶瓷的极化

在陶瓷上施加外电场时，电畴的极化方向发生转动，趋向于按外电场方向排列，从而使材料得到极化。外电场愈强，就有愈多的电畴更完全地转向外电场方向。让外电场强度大到使材料的极化达到饱和的程度，即所有电畴极化方向都整齐地与外电场方向一致时，再去掉外电场，电畴的极化方向也基本没有变化，即出现剩余极化，这时的材料才具有压电特性，如图 6-5 (b)(c)所示。

压电陶瓷要具有压电效应,必须受到外电场和压力的共同作用。此时,陶瓷材料晶粒发生移动,将导致在垂直于极化方向(即外电场方向)的平面上出现极化电荷,电荷的大小与外力呈正比关系。

压电陶瓷的压电常数比石英晶体的大得多,因此用压电陶瓷做成的压电式传感器的灵敏度较高,但是其稳定性、机械强度等不如用石英晶体做成的压电式传感器。

压电陶瓷材料有多种,最早的是钛酸钡($BaTiO_3$),现在常用的是锆钛酸铅(简称 PZT)。前者工作温度较低(最高 70 ℃);后者工作温度较高,具有良好的压电性能,应用广泛。

3. 压电材料的性能参数

常用压电材料的性能参数如表 6-1 所示。

表 6-1　常用压电材料的性能参数

性能参数	石英	钛酸钡	锆钛酸钡(PZT 系列)		
			PZT-4	PZT-5	PZT-7
压电常数/$(10^{-12}$ C/N)	$d_{11}=2.31$ $d_{14}=0.73$	$d_{15}=260$ $d_{31}=-78$ $d_{33}=190$	$d_{15}=410$ $d_{31}=-100$ $d_{33}=230$	$d_{15}=670$ $d_{31}=-185$ $d_{33}=600$	$d_{15}=330$ $d_{31}=-90$ $d_{33}=200$
弹性系数/$(10^9$ N/m²)	80	110	115	117	123
相对介电常数	4.5	1200	1050	2100	1000
机械品质因数	$10^5 \sim 10^6$	—	600～800	80	1000
体积电阻率/$(\Omega \cdot m)$	$>10^{12}$	10^{10}	$>10^{10}$	10^{11}	—
居里点/(℃)	573	115	310	260	300
密度/$(10^3$ kg/m³)	2.65	5.5	7.45	7.5	7.45
静抗拉强度/$(10^5$ N/m²)	95～100	81	76	76	83

6.2　测量电路

压电式传感器主要测量力以及力的派生物理量(如压力、位移、加速度等)。此外,压电元件在压电式传感器中必须要有一定的预应力,这样可以保证在作用力变化时,压电片始终受到压力,同时也保证了压电片的输出与作用力的线性关系。

6.2.1　等效电路

1. 理想等效电路

当压电式传感器中的压电片受到力的作用时,两个极面上出现极性相反、电量相等的电荷。此时,可以将压电片等效成一个电容器,正负电荷聚集的两个表面相当于电容器的两个极板,极板间物质相当于一种介质,如图 6-6 所示。

等效电容器的电容为

$$C_a = \frac{\varepsilon_r \varepsilon_0 A}{d}$$

(6-4)

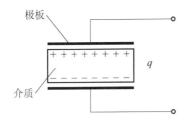

图 6-6　压电式传感器中压电片的电荷聚集

式中：A——压电片的面积；

　　　d——压电片的厚度；

　　　ε_r——压电片的相对介电常数。

此时，压电片的开路电压为

$$U_a = \frac{q}{C_a} \tag{6-5}$$

因此，压电式传感器可以等效为一个与电容器串联的电压源，如图 6-7（a）所示；也可以等效成一个电荷源 q 与一个电容器 C_a 并联，如图 6-7（b）所示。

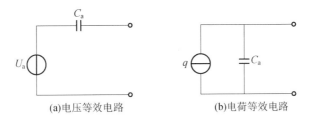

(a)电压等效电路　　　　　　　　　(b)电荷等效电路

图 6-7　压电式传感器的理想等效电路

2. 实际等效电路

压电式传感器在实际使用时总要与测量仪器或者测量电路相连接，因此还须考虑连接电缆的等效电容 C_c，放大器的输入电阻 R_i、输入电容 C_i，以及压电式传感器的泄漏电阻 R_a。这样，压电式传感器在测量系统中的实际等效电路如图 6-8 所示。

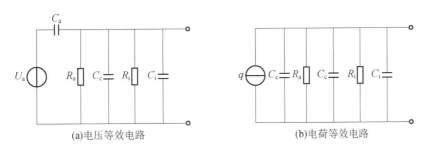

(a)电压等效电路　　　　　　　　　　　(b)电荷等效电路

图 6-8　压电式传感器的实际等效电路

6.2.2　前置放大器

压电式传感器本身的内阻抗很高（通常在 $10^{10}\ \Omega$ 以上），输出能量较小，因此它的测量电路通常需要接入一个高输入阻抗的前置放大器。其作用之一是将高输出阻抗变换成低输出阻抗;二是对传感器输出的微弱信号进行放大。

压电式传感器的输出可以是电压信号,也可以是电荷信号,因此前置放大器也有两种形式,即电压放大器和电荷放大器。

1. 电压放大器

电压放大器实际是一个阻抗变换器,其电路原理如图 6-9 所示。

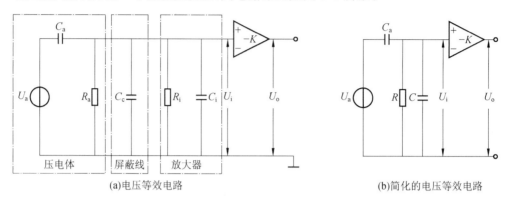

(a)电压等效电路   (b)简化的电压等效电路

图 6-9　压电式传感器电压等效电路

图 6-9(b)中,R 是 R_a 和 R_i 的并联等效电阻,C 是 C_c 和 C_i 的并联等效电容,于是有

$$R = \frac{R_a R_i}{R_a + R_i} \tag{6-6}$$

$$C = C_c + C_i \tag{6-7}$$

若压电元件受到正弦力 $f = F_m \sin\omega t$ 的作用,则其电压为

$$\dot{U}_a = \frac{df}{C_a} = \frac{dF_m}{C_a}\sin\omega t = |U_{im}|\sin\omega t \tag{6-8}$$

式中:d——压电常数;

$|U_{im}|$——压电元件输出电压的幅值,$U_{im} = \dfrac{dF_m}{C_a}$。

电压放大器输入端电压为

$$\dot{U}_{im} = \frac{d\dot{f}}{C_a} \cdot \frac{1}{\dfrac{1}{j\omega C_a} + \dfrac{\dfrac{1}{j\omega C}R}{\dfrac{1}{j\omega C} + R}} \cdot \frac{\dfrac{1}{j\omega C}R}{\dfrac{1}{j\omega C} + R} = d\dot{f}\frac{j\omega R}{1 + j\omega R(C_a + C)} \tag{6-9}$$

电压放大器输入端电压幅值为

$$|\dot{U}_{im}| = \frac{dF_m \omega R}{\sqrt{1 + \omega^2 R^2 (C_a + C_c + C_i)^2}} \tag{6-10}$$

输入电压与作用力间的相位差为

$$\varphi = \frac{\pi}{2} - \arctan[\omega R(C_a + C_c + C_i)] \tag{6-11}$$

在理想情况下,传感器的电阻 R_a 与电压放大器的输入电阻 R_i 都为无限大,即 $\omega R(C_a + C_c + C_i) \gg 1$,那么理想情况下输入电压幅值 $|\dot{U}_{im}|$ 为

$$|\dot{U}_{im}| = \frac{dF_m\omega R}{\sqrt{1+\omega^2 R^2 (C_a + C_c + C_i)^2}} \approx \frac{dF_m}{C_a + C_c + C_i} \qquad (6\text{-}12)$$

由式(6-12)可知,理想情况下,电压放大器输入电压 U_{im} 与频率无关。一般在 $\omega/\omega_0 > 3$ 时,就可以认为 U_{im} 与 ω 无关,其中 ω_0 为测量电路时间常数之倒数,即

$$\omega_0 = \frac{1}{(C_a + C_c + C_i)R} \qquad (6\text{-}13)$$

这表明压电式传感器有很好的高频响应,但当作用于压电元件的力为静态力($\omega=0$)时,电压放大器的输出电压等于零,因为电荷会由于放大器输入电阻和传感器本身漏电阻而漏掉,所以压电式传感器不能用于静态力的测量。

C_c 为连接电缆电容,当电缆长度改变时,C_c 也将改变,因而 U_{im} 也随之变化。因此,压电式传感器与电压放大器之间的连接电缆不能随意更换,否则将引入测量误差。

2. 电荷放大器

电荷放大器作为压电式传感器的输入电路时,由于电荷放大器由一个反馈电容 C_f 和高增益运算放大器构成,而运算放大器输入阻抗极高,其输入端几乎没有分流,因此可略去压电式传感器的泄漏电阻 R_a 和放大器输入电阻 R_i。因此,电荷放大器的等效电路如图 6-10 所示。

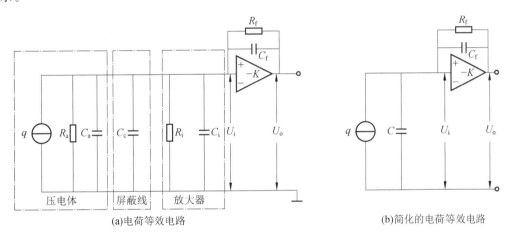

(a)电荷等效电路   (b)简化的电荷等效电路

图 6-10 压电式传感器电荷等效电路

由于负反馈电容工作于直流时相当于开路,对电缆噪声敏感,放大器的零点漂移也较大,因此一般在反馈电容两端并联一个电阻 R_f,其作用是稳定直流工作点,减小零点漂移,阻值通常为 $10^{10} \sim 10^{14}\,\Omega$。当工作频率足够高时,$1/R_f \ll \omega C_f$,可忽略 $(1+K)\dfrac{1}{R_f}$(反馈电阻折合到输入端的等效电阻)。反馈电容折合到放大器输入端的有效电容为

$$C_f' = (1+K)C_f \qquad (6\text{-}14)$$

由于

$$\left.\begin{array}{l} U_i = \dfrac{q}{C_a + C_c + C_i + C_f'} \\[2mm] U_o = -KU_i \end{array}\right\} \qquad (6\text{-}15)$$

因此,其输出电压为

$$U_o = \frac{-Kq}{C_a + C_c + C_i + (1+K)C_f} \tag{6-16}$$

"一"表示放大器的输入信号与输出信号反相。当运算放大器的增益 $K \gg 1$(通常 $K = 10^4$ ~ 10^6),且满足 $(1+K)C_f > 10(C_a + C_c + C_i)$ 时,就可将式(6-16)近似写为

$$U_o \approx \frac{-q}{C_f} = U_{C_f} \tag{6-17}$$

由此可知:

(1) 若输入阻抗很高,则放大器输入端几乎没有分流,电荷 q 只对反馈电容充电,充电电压 U_{C_f} 接近于放大器的输出电压 U_o;

(2) 电荷放大器的输出电压 U_o 与电缆电容 C_c 无关,与 q 成正比,而 q 与被测力呈线性关系,因此,输出电压与被测力呈线性关系。

6.2.3 压电元件的连接

单片压电元件产生的电荷甚微,为了提高压电式传感器的输出灵敏度,在实际应用中常采用两片(或两片以上)同型号的压电元件黏结在一起。由于压电材料的电荷是有极性的,因此黏结方法也有两种,如图 6-11 所示。

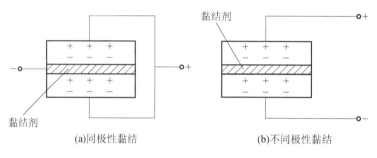

图 6-11 压电元件连接方式

图 6-9(a)所示称为并联接法——将两个压电元件的同极性端黏结在一起,中间插入金属电极作为压电元件连接件的负极,将两边连接起来作为连接件的正极。从电路上看,类似两个电容并联。所以,外力作用下正负电极上的电荷增加 1 倍,电容也增加 1 倍,输出电压与单片时相同,即 $C' = 2C$,$q' = 2q$,$U' = U$。并联接法输出电荷大,本身电容大,因此时间常数也大,通常适用于测量慢速信号并以电荷作为输出的场合。

图 6-9(b)所示称为串联接法——将两个压电元件的不同极性端黏结在一起,两压电片中间黏结处正负电荷中和,上、下极板的电荷与单片时相同,总电容为单片的一半,输出电压增大了 1 倍,即为 $C' = \frac{1}{2}C$,$q' = q$,$U' = 2U$。串联接法输出电压高,本身电容小,因此时间常数也小,通常适用于测量快速信号并以电压作为输出且测量电路输入阻抗很高的场合。

6.2.4 压电元件的变形

压电式传感器中的压电元件的变形,按其受力和变形方式不同,大致有厚度变形、长度变形、体积变形、面切变形和剪切变形等几种,如图 6-12 所示。目前最常使用的是厚度变形的压缩式和剪切变形的剪切式两种。

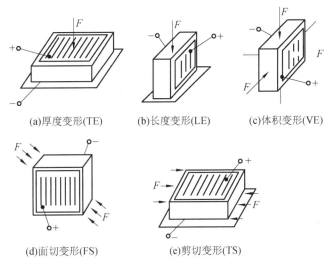

(a)厚度变形(TE)　　　　(b)长度变形(LE)　　　　(c)体积变形(VE)

(d)面切变形(FS)　　　　　(e)剪切变形(TS)

图 6-12　压电元件的变形

6.3　典　型　应　用

6.3.1　压电式力传感器

图 6-13 所示为压电式单向测力传感器的结构。这种传感器主要由石英晶片、绝缘套、电极、上盖及基座等组成。

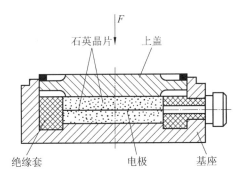

图 6-13　压电式单向测力传感器的结构

传感器的上盖为传力元件,其外缘壁厚为 0.1～0.5 mm。当受到外力作用时,上盖产生弹性变形,将力传递到石英晶片上。石英晶片采用 xy 切型,利用其纵向压电效应,通过 d_{11} 实现力-电转换。石英晶片的尺寸为 $\phi8$ mm×1 mm。该传感器的测力范围为 0～50 N,最小分辨率为 0.01 N,固有频率为 50～60 kHz,整个传感器质量为 10 g,可用于机床动态切削力的测量。

6.3.2　压电式加速度传感器

压电式加速度传感器主要由压电元件、质量块、预压弹簧、基座及外壳等组成。整个组件装在外壳内,并由螺栓加以固定,如图 6-14 所示。

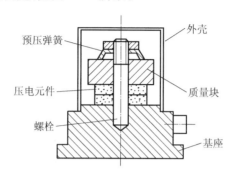

图 6-14　压电式加速度传感器的结构

压电式加速度传感器的压电元件一般由两片压电片组成,在压电片的两个表面上镀银,并在银层上焊接输出引线,或在两个压电片之间夹一片金属,引线焊接在金属上,输出端的另一根引线直接与传感器基座相连。在压电片上放置一个密度较大的质量块,然后用一个硬弹簧或螺栓、螺母对质量块预加载荷。整个组件装在一个带有厚基座的金属外壳中,避免产生假信号输出。一般要加厚基座或选用刚度较大的材料来制造基座。

测量时,将传感器基座与被测物体刚性固定连接,当传感器与被测物体一起受到冲击振动时,压电元件受到质量块惯性力的作用,根据牛顿第二定律,此惯性力是加速度的函数,即 $F = ma$。

由于压电效应,压电片的两个表面上产生交变电荷 q,当振动频率远低于传感器的固有频率时,传感器的输出电荷与作用力成正比,即与被测物体的加速度成正比:

$$q = d_{11}F = d_{11}ma \qquad (6\text{-}18)$$

式中:d_{11}——压电常数;

　　m——质量块的质量;

　　a——被测物体的加速度。

由此可见,输出电荷与加速度成正比,因此,测出加速度传感器的输出电荷即可知加速度大小。其灵敏度与压电材料的压电常数和质量块的质量有关。

6.3.3　压电式玻璃破碎报警器

BS-D2 压电式传感器是专门用于检测玻璃破碎的一种传感器,利用压电元件对振动敏感的特性感知玻璃受撞击和破碎时产生的振动波。传感器把振动波转换成电压输出,经放大、滤波、比较等处理后提供给报警系统。

BS-D2 压电式玻璃破碎传感器的外形及内部电路示意图如图 6-15 所示。传感器的最小输出电压为 100 mV,最大输出电压为 100 V,内阻抗为 15~20 kΩ。

使用时,传感器用胶粘贴在玻璃上,然后通过电缆和报警电路相连。为了提高报警器的灵敏度,信号经放大后,需经带通滤波器进行滤波,要求对选定的频谱通带的衰减要小,而频带外衰减要尽量大。由于玻璃振动的波长在音频和超声波的范围内,因此滤波器成为电路中的关键。只有当传感器输出信号高于设定的阈值时,才会输出报警信号,驱动报警执行机构工作。其电路框图如图 6-16 所示。玻璃破碎报警器可广泛用于文物保管、贵重商品保管及其他商品

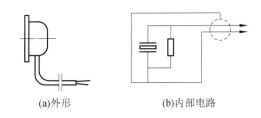

(a)外形　　　　　　　(b)内部电路

图 6-15　BS-D2 压电式玻璃破碎传感器示意图

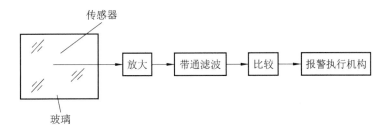

图 6-16　玻璃破碎报警器的电路框图

柜台保管等场合。

能力训练

6-1 什么是压电效应？什么是逆压电效应？

6-2 试分析石英晶体的压电效应原理。

6-3 试分析压电陶瓷的压电效应原理。

6-4 试分析电荷放大器和电压放大器两种测量电路的等效电路和输出特性。

6-5 说明压电式加速度传感器要使用高输入阻抗电荷放大器的原因。

6-6 简述压电式压力传感器的工作原理。

6-7 有一压电晶体,其面积 $S=3\ \text{cm}^2$,厚度 $t=0.3\ \text{mm}$,零度 x 切型纵向石英晶体压电常数 $d_{11}=2.31\times10^{-12}\text{C/N}$。求其受到压力 $p=10\ \text{MPa}$ 作用时,产生的电荷 q 及输出电压 U。

6-8 某压电式压力传感器采用两片石英晶片并联,每片厚度 $t=0.2\ \text{mm}$,圆片半径 $r=1\ \text{cm}$,$\varepsilon=4.5$,x 切型纵向石英晶体压电常数 $d_{11}=2.31\times10^{-12}\text{C/N}$。当 0.1 MPa 压力垂直作用于 p_x 平面时,求传感器输出电荷 q 及电压 U_a。

6-9 某压电晶体的电容为 1000 pF,$k_q=2.5\ \text{C/cm}$,电缆电容 $C_c=3000\ \text{pF}$;示波器的输入阻抗为 1 MΩ,并联电容为 50 pF,求:

（1）压电晶体的电压灵敏度 K_u;

（2）测量系统的高频响应;

（3）若系统允许的测量幅值误差为 5%,则其可测最低频率是多少?

（4）若频率为 10 Hz,允许误差为 5%,用并联连接方式,则其电容是多少?

6-10 已知某压电式传感器测量最低信号频率 $f=1\ \text{Hz}$,现要求在 1 Hz 信号频率时其灵敏度下降不超过 5%。若采用电压放大器,输入回路总电容 $C_i=50\ \text{pF}$,求该前置放大器的输入总电阻 R_i。

课外拓展

将高分子压电电缆埋在公路下,可以实现以下功能:获取车型分类信息,包括轴数、轴距、轮距、单双轮胎;监测车速;收费站地磅及机场滑行道;闯红灯拍照;监控停车区域;采集交通数据信息(道路监控)等。如图 6-17 所示,你能根据所学内容分析其中的"奥妙"吗?

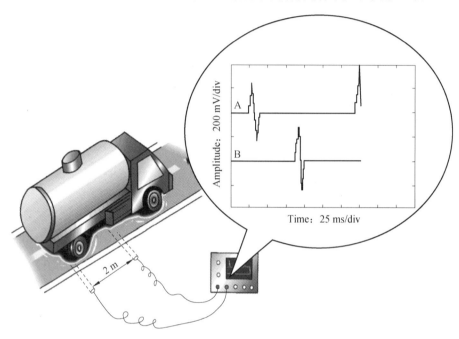

图 6-17　高分子压电电缆交通监测示意图

第7章 霍尔传感器

实例导入

在电线电缆制造厂,标准规格电缆的成卷规格长度的测量、特种线缆的订单长度测量、生产线工人生产过程中的产量计量,都有测量线缆长度的要求。线缆计米器是一种测量线缆长度的计量器具。计米器广泛采用了霍尔传感器。那么霍尔传感器的原理是怎样的呢? 如何应用呢?

7.1 霍尔传感器的原理

霍尔效应是 1879 年霍尔在研究金属材料导电特性时发现的一种物理现象。霍尔传感器就是基于某些材料的霍尔效应制作的。后来发现一些特殊的半导体材料也具有霍尔效应。

如图 7-1 所示,霍尔传感器(薄片)置于强度为 B 的磁场中,磁场方向垂直于薄片,当有电流 I 流过薄片时,在垂直于电流和磁场的方向上将产生霍尔电势 U_H,这种现象称为霍尔效应。

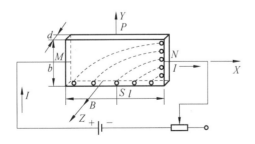

图 7-1 霍尔效应

图中, l、b、d 分别为霍尔传感器的长、宽、厚, I 为电流, B 为磁场强度, M、N 表示左右两面, S、P 表示上下两面。X、Y、Z 表示笛卡儿坐标系的方向。

图中的霍尔传感器是由 N 型半导体材料制成的。如果在 M、N 两端按图所示加一恒定电流 I（沿 X 轴方向通过霍尔传感器），并假定电流 I 是沿 X 轴负方向以速度 v 运动的电子形成的，电子的电量为 $-e$，自由电子的浓度为 n，则流过截面 M 的电流密度为

$$J = -nev \tag{7-1}$$

根据电流强度的定义，电流 I 可表示为

$$I = -nevbd \tag{7-2}$$

若在 Z 轴方向加上恒定磁场 B，沿 X 轴负方向运动的电子就受到洛伦兹力的作用，洛伦兹力 f 的大小为

$$f = -evB \tag{7-3}$$

f 的方向指向 Y 轴负方向。于是，霍尔传感器内部的电子聚积在 S 面。随着电子向下偏移，上方剩余正电荷，S、P 两个平面间产生电势差，从而产生静电作用力，大小为

$$f_H = -\frac{eU_H}{b} \tag{7-4}$$

静电作用力 f_H 与洛伦兹力 f 大小相等时，有

$$-evB = -\frac{eU_H}{b} \tag{7-5}$$

$$U_H = bvB = -\frac{IB}{ned} = R_H\frac{IB}{d} = K_HIB \tag{7-6}$$

式中：R_H——半导体材料的霍尔系数；

K_H——霍尔传感器的灵敏度。

如果已知霍尔传感器的灵敏度 K_H，根据工作电流 I 和霍尔电压就可求得 B。

当工作电流和磁场强度一定时，K_H 的数值越大，霍尔电动势越大。如果所施加的电磁场不垂直于霍尔传感器中的电流方向，而是成一定的夹角 θ，则

$$U_H = K_HIB\cos\theta \tag{7-7}$$

7.2　霍尔传感器的结构及特性

7.2.1　霍尔传感器的基本结构

霍尔传感器的结构很简单，它是由霍尔片、四根引线和壳体组成的，如图 7-2(a)所示。霍尔片是一块矩形半导体单晶薄片，引出四根引线。1、1′ 两根引线加激励电压或电流，称为激励电极（控制电极）；2、2′ 两根引线为霍尔输出引线，称为霍尔电极。霍尔传感器的壳体是用非导磁金属、陶瓷或环氧树脂制成的。在电路中，霍尔传感器一般可用两种符号表示，如图 7-2(b)所示。

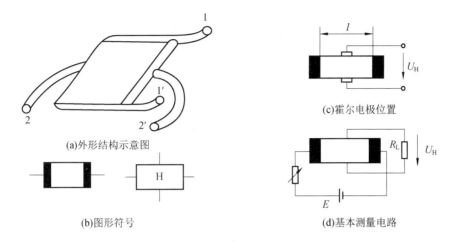

(c)霍尔电极位置

(a)外形结构示意图

(b)图形符号

(d)基本测量电路

图 7-2　霍尔传感器的结构及基本电路

7.2.2　霍尔传感器的主要特性参数

霍尔传感器的主要特性参数是判断霍尔传感器性能的依据,主要包括以下几项。

1. 额定激励电流和最大允许激励电流

当霍尔传感器的控制电流使其本身在空气中产生 10 ℃ 温升时,对应的控制电流值称为额定激励电流。

最大允许控制电流是元件允许最大温升所对应的激励电流值。

2. 输入电阻和输出电阻

激励电极间的电阻值称为输入电阻。霍尔电极输出电压,对电路外部来说相当于一个电源,其内阻即为输出电阻。电阻值是在磁场强度为零,且环境温度在 20 ℃±5 ℃时所确定的。

3. 不等位电势和不等位电阻

当霍尔传感器的激励电流为 I 时,若元件所处位置磁场强度为零,则它的霍尔电势应该为零,但实际不为零。这时测得的空载霍尔电势称为不等位电势,如图 7-3 所示。产生这一现象的原因有:① 霍尔电极安装位置不对称或不在同一等电位面上;② 半导体材料不均匀造成了电阻率不均匀或几何尺寸不均匀;③ 激励电极接触不良造成激励电流分布不均匀等。

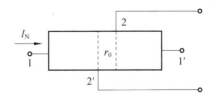

图 7-3　不等位电势示意图

不等位电势也可用不等位电阻表示,即

$$r_0 = \frac{U_0}{I} \tag{7-8}$$

由式(7-8)可以看出,不等位电势就是激励电流流经不等位电阻 r_0 所产生的电压。

4.寄生直流电势

在外加磁场为零、霍尔传感器用交流激励时，霍尔电极输出除了交流不等位电势外，还有一直流电势，称为寄生直流电势。寄生直流电势一般在 1 mV 以下，它是影响霍尔片温度漂移的原因之一。

寄生直流电势产生的原因有：① 激励电极与霍尔电极接触不良，形成非欧姆接触，产生整流效果；② 两个霍尔电极大小不对称，则两个电极点的热容不同，散热状态不同而形成极间温差电势。

5.霍尔电势温度系数

在一定磁场强度和激励电流下，温度每变化 1 ℃时，霍尔电势变化的百分数称为霍尔电势温度系数。它同时也是霍尔系数的温度系数。

7.2.3 霍尔传感器误差及补偿

1.不等位电势误差的补偿

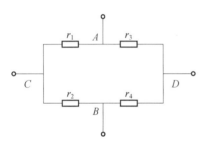

图 7-4 霍尔传感器的等效电路

不等位电势与霍尔电势具有相同的数量级，有时甚至超过霍尔电势，而实用中要消除不等位电势是极其困难的，因而必须采用补偿的方法。分析不等位电势时，可以把霍尔传感器等效为一个电桥，用电桥平衡的方法来补偿不等位电势。霍尔传感器的等效电路如图 7-4 所示，其中 A、B 为霍尔电极，C、D 为激励电极，电极分布电阻分别用 r_1、r_2、r_3、r_4 表示，把它们看作电桥的四个桥臂。

出现不等位电势后，可根据 A、B 两点电位的高低，判断应在哪一桥臂上并联一定的电阻，使电桥达到平衡，从而使不等位电势为零。几种补偿电路如图 7-5 所示，图(a)(b)所示为常见的补偿电路，图(c)所示电路相当于在等效电桥的两个桥臂上同时并联电阻，图(d)所示电路用于交流电压的情况。

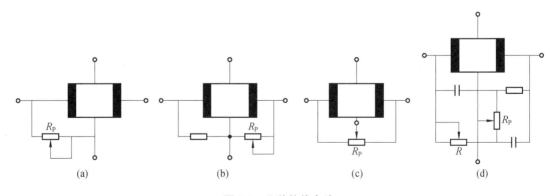

(a)   (b)   (c)   (d)

图 7-5 几种补偿电路

2.温度误差及其补偿

温度误差产生的原因主要有:① 霍尔传感器的霍尔片是半导体材料,对温度的变化很敏感,其载流子浓度、载流子迁移率、电阻率和霍尔系数都是温度的函数;② 当温度变化时,霍尔传感器的一些特性参数,如霍尔电势、输入电阻和输出电阻等都要发生变化,从而使霍尔传感器产生温度误差。

可以通过选用温度系数小的元件、采取恒温措施、采用恒流源供电等方式减小温度误差。霍尔传感器的灵敏度 K_H 也是温度的函数,它随温度变化将引起霍尔电势的变化。霍尔传感器的灵敏度与温度的关系可写成

$$K_H = K_{H0}(1 + \alpha \Delta T) \tag{7-9}$$

式中:K_{H0}——温度为 T_0 时的灵敏度;

ΔT——温度变化量,$\Delta T = T - T_0$;

α——霍尔电势温度系数。

大多数霍尔传感器的温度系数 α 是正值,霍尔电势随温度升高而增加 $\alpha \Delta T$ 倍。但如果同时让激励电流 I_s 相应地减小,并能保持 K_H 与 I_s 的乘积不变,就抵消了灵敏度 K_H 增加的影响。

图 7-6 所示就是按此思路设计的一个既简单、补偿效果又较好的补偿电路。电路中 I 为恒流源,分流电阻 R_P 与霍尔传感器的激励电极相并联。当霍尔传感器的输入电阻随温度升高而增大时,旁路分流电阻 R_P 自动地增大分流,减小霍尔传感器的激励电流 I_s,从而达到补偿的目的。

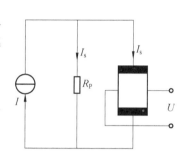

图 7-6 恒流源温度补偿电路

7.2.4 霍尔集成电路

在一个元件中制作有霍尔传感器、放大并控制其输出电压的电路,而具有磁场-电气变换机能的固态组件称为霍尔集成电路。

依输出信号的性质不同,霍尔集成电路可分为线性型和开关型两类。

1.线性型霍尔集成电路

线性型霍尔集成电路可以获得与磁感强度成正比的输出电压。磁场灵敏度可利用电路的放大加以调节。较典型的线性型霍尔器件有 UGN3501 等。图 7-7 所示为线性型霍尔集成电路的输入输出特性曲线。

2.开关型霍尔集成电路

开关型霍尔集成电路是将霍尔传感器、稳压电路、放大器、施密特触发器、OC 门(集电极开路输出门)等做在同一个芯片上。当外加磁感强度超过规定的工作点时,OC 门由高阻态变为导通状态,输出变为低电平;当外加磁感强度低于释放点时,OC 门重新变为高阻态,输出高电平。较典型的开关型霍尔器件有 UGN3020 等,图 7-8 所示为其输入输出特性曲线,图 7-9 所示为其外形及内部电路示意图。

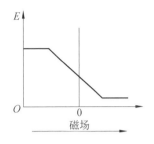

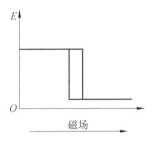

图 7-7　线性型霍尔集成电路的输入输出特性曲线　　　图 7-8　开关型霍尔器件的输入输出特性曲线

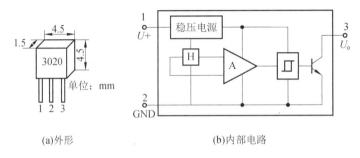

(a)外形　　　　　　　　(b)内部电路

图 7-9　开关型霍尔器件外形及内部电路示意图

7.3　霍尔传感器的应用

　　霍尔传感器结构简单,体积小,重量轻,频带宽,动态特性好,寿命长,在生产生活中得到了广泛应用,主要应用于磁场测量、转速测量、无损检测等。

1.磁场测量

　　在式(7-7)中,当 I 恒定,霍尔电势 U_H 与 B 成正比,因此霍尔传感器可直接用来测量交、直流磁感应强度。图 7-10 所示是一个用于磁场测量的电路,输出电压与外加磁场强度呈线性关系。特斯拉计就是一种直接测量磁场的仪表。

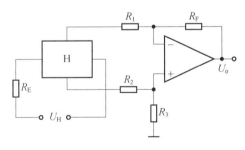

图 7-10　磁场测量电路

2.转速测量

　　用霍尔传感器、齿轮圈即可测量转速,如图 7-11 所示。当齿轮的齿对准霍尔传感器时,磁力线集中穿过霍尔传感器,如图 7-11(a)所示,可产生较大的霍尔电势,经放大、整形后输出高电平;当齿轮的齿槽对准霍尔传感器时,如图 7-11(b)所示,输出为低电平。

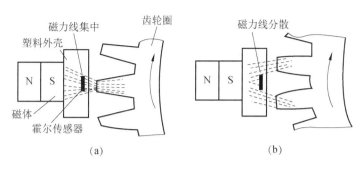

图 7-11　霍尔传感器测量转速原理图

只要铁磁性材料旋转体的表面存在缺口或凸起,如图 7-12 所示,就可产生磁场强度的脉动,从而引起霍尔电势的变化,产生转速信号。

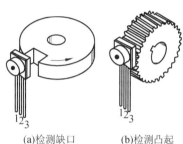

(a)检测缺口　　(b)检测凸起

图 7-12　检测缺口和凸起示意图

改变磁体和霍尔传感器的布置方式,可提高转速测量的分辨率。图 7-13 所示为霍尔传感器的各种不同布置方式。转盘的输入轴与被测转轴相连,当被测转轴转动时,转盘随之转动,固定在转盘附近的霍尔传感器便可在每一个小磁铁通过时产生一个相应的脉冲,检测出单位时间的脉冲数,便可知被测转速。根据磁性转盘上小磁铁数目多少就可确定传感器测量转速的分辨率。

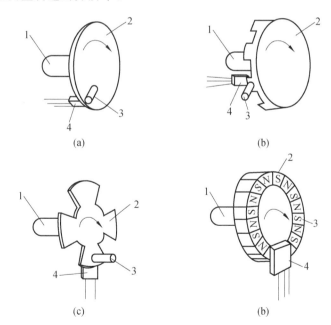

图 7-13　霍尔传感器的各种不同布置方式

1—输入轴;2—转盘;3—小磁铁;4—霍尔传感器

用霍尔传感器测量转速有很多实际意义,比如汽车的防抱死系统,就应用了霍尔传感器测速装置。若汽车在刹车时车轮被抱死,将产生危险,用霍尔传感器来检测车轮的转动状态有助于控制刹车力的大小,如图 7-14 所示。

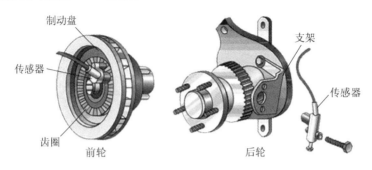

图 7-14　汽车防抱死系统原理示意图

3.计数装置

集成霍尔传感器由霍尔传感器、放大器、电压调整电路、电流放大输出电路、失调调整及线性度调整电路等几部分组成,有三端 T 形单端输出和八脚双列直插型双端输出两种结构。它的特点是输出电压在一定范围内与磁场强度呈线性关系。

霍尔开关传感器 SL3501 是灵敏度较高的集成霍尔传感器,能感受到很小的磁场变化,因而可对铁磁性金属零件进行计数检测。图 7-15 是对钢球进行计数的霍尔计数装置的工作示意图和电路图。当钢球通过霍尔开关传感器时,传感器可输出峰值为 20 mV 的脉冲电压,该电压经运算放大器(μA741) 放大后,驱动半导体三极管 VT(2N5812)工作,其输出端便可接计数器进行计数,并由显示器显示数值。

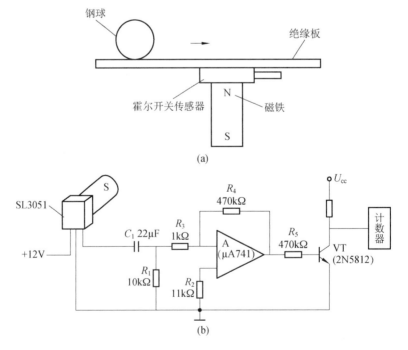

图 7-15　霍尔计数装置的工作示意图及电路图

4. 长度测量

计米器中的计米装置采用图 7-16 所示方式布置。在线缆生产过程中,线缆被拖动并绕在线缆盘上,用压紧轮和测量轮将线缆夹紧,则压紧轮和测量轮会转动。在测量轮上安装一个磁铁,可使用霍尔传感器检测磁场的变化,输出脉冲信号个数对应着测量轮的周数。

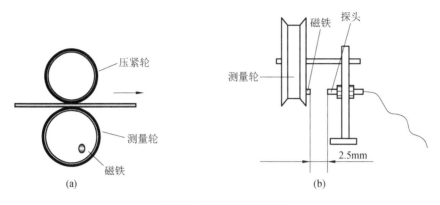

图 7-16　计米装置布置图

使用电子计数器对霍尔传感器输出的脉冲个数计数,可以换算成线缆的长度。霍尔传感器测量长度时,比如计米器、里程表等长距离测量,其误差满足要求;但是测量短距离量时误差较大,不适用于高精度、短长度量的测量。

5. 电流测量

霍尔传感器还可制作钳形电流表,如图 7-17 所示。手指按下压舌,钳形电流表的铁芯张开,被测电流的导线从缺口处穿入钳形电流表的环形区域,即可测量电路中的电流。

图 7-17　采用霍尔传感器制成的钳形电流表

图 7-18 所示即为采用磁平衡方式测量电流的电路图。将导线穿过检测孔,当有电流通过导线时,在导线周围将产生磁场,磁力线集中在铁芯内,并从铁芯的缺口处穿过霍尔传感器,从而产生与电流成正比的霍尔电势。

6. 无损检测

图 7-19 是霍尔传感器用于无损检测的原理图。当被测铁磁性工件中无缺陷时,磁力线大多通过工件;如果有缺陷,工件中的磁力线弯曲,磁场泄漏,霍尔传感器中会产生一个脉动电压

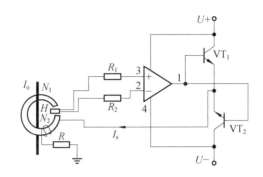

图 7-18　采用磁平衡方式测量电流的电路图

信号。对该信号进行后续处理和分析,可定性或定量评价缺陷的类别和大小。

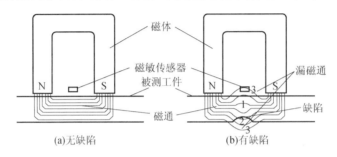

图 7-19　霍尔传感器用于无损检测的示意图

能力训练

7-1　霍尔传感器的原理是什么?

7-2　为什么在铁磁性材料中发现了霍尔效应,但霍尔效应的应用却采用的半导体材料?

7-3　设计一个计数装置的方案,对生产线上的铁磁性材料工件计数。

课外拓展

(1) 什么是磁电感应式传感器? 磁电感应式传感器跟霍尔传感器的区别是什么?

(2) 什么是反常霍尔效应、量子霍尔效应、量子反常霍尔效应? 有什么应用?

(2) 生产生活中,还有哪些物理量可以用霍尔传感器测量? 试列举几种,并说明其用法。

第8章 热电式传感器

学习目标

- 熟练掌握热电效应、热电偶、热电阻、热敏电阻、接触电动势、温差电动势、工作端、自由端、分度表等概念
- 掌握热电偶测温的工作原理、基本定律,热电偶的结构和种类,热电偶的冷端温度补偿,热电偶的测温电路等
- 理解热电阻的温度特性、测量电路
- 掌握热电偶、热电阻的分度表使用方法
- 了解热电偶、热电阻、热敏电阻的实际应用

实例导入

如图 8-1 所示,计算机的 CPU 散热风扇常常在低温时显示蓝色;高温时显示红色,提醒用户温度过高。大家知道是什么原因吗?

低温蓝色　　　　高温红色

图 8-1　计算机 CPU 散热风扇状态显示

热电式传感器是一种将温度变化转换为电量变化的传感器。它利用测温敏感元件的电或磁的参数随温度变化而改变的特性,将温度变化转换为电量变化,从而达到测量温度的目的。热电式传感器有多种,本章主要介绍热电偶、热电阻和热敏电阻。

8.1　热　电　偶

热电偶(thermocouples)是热电偶传感器的简称,是目前接触式测温中应用最广的热电式传感器。其测温范围较宽,一般为 $-50 \sim 1600$ ℃,最高的可达到 3000 ℃,并有较高的测量精度。另外,它具有结构简单、制造方便、热惯性小、输出信号便于远传等优点。其产品已标准化、系列化,运用十分方便。

8.1.1 热电效应与热电偶测量原理

1. 热电效应

1821 年赛贝克发现了铜、锑这两种金属的温差电现象,即在这两种金属构成的闭合回路中,对两个接头中的一个加热即可产生电流,在冷接头处,电流从锑流向铜。到底是什么原因呢? 如图 8-2 所示,将两种不同材料的导体 A 和 B 串联成一个闭合回路,当两个接触点温度不同时,在回路中就会产生大小和方向与导体材料及两接触点的温度有关的电动势,形成电流。此现象称为热电效应,此电动势称为热电动势;这两种不同导体的组合称为热电偶,A、B 两个导体称为热电极。两个接触点,一个称为工作端或热端(t),测温时将它置于被测温度场中;另一个称为自由端或冷端(t_0),一般要求它恒定在某一温度。

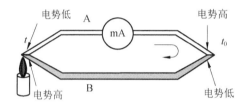

图 8-2 热电偶结构原理示意图

热电效应产生的热电动势由接触电动势和温差电动势两部分组成。

1) 接触电动势

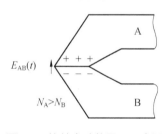

图 8-3 接触电动势原理示意图

如图 8-3 所示,当两种导体(或半导体)接触在一起时,由于不同导体的自由电子密度不同,在接触点处就会发生电子迁移扩散。失去电子的导体呈正电位,得到电子的导体呈负电位。

当扩散达到平衡时,在两种金属的接触处形成电位差,此电位差称为接触电动势,可表示为

$$E_{AB}(t) = \frac{kt}{e} \ln \frac{N_A(t)}{N_B(t)} \tag{8-1}$$

$$E_{AB}(t_0) = \frac{kt_0}{e} \ln \frac{N_A(t_0)}{N_B(t_0)} \tag{8-2}$$

式中:$E_{AB}(t)$、$E_{AB}(t_0)$——导体 A、B 的接触点分别在温度为 t、t_0 时形成的接触电动势;

k——波尔兹曼常数,$k = 1.38 \times 10^{-23}$ J/K;

e——单位电荷,$e = 1.6 \times 10^{-19}$ C;

$N_A(t)$、$N_A(t_0)$、$N_B(t)$、$N_B(t_0)$——导体 A、B 分别在温度为 t、t_0 时的自由电子密度。

接触电动势的大小与温度高低及导体中的自由电子密度有关,即取决于导体的性质及接触点的温度,而与其形状尺寸无关。

2) 温差电动势

在同一导体中,如果两端温度不同,在两端间会产生电动势,即产生单一导体的温差电动势,这是导体内自由电子因在高温端具有较大的动能而向低温端扩散的结果。高温端因失去电子而带正电,低温端由于获得电子而带负电,两端之间形成电位差,如图 8-4 所示。

温差电动势的大小与导体的性质和两端的温差有关,可以表示为

$$E_A(t,t_0) = \frac{k}{e}\int_{t_0}^{t}\frac{1}{N_A(t)}\mathrm{d}[N_A(t)t] = \int_{t_0}^{t}N_A\mathrm{d}t \qquad (8\text{-}3)$$

$$E_B(t,t_0) = \frac{k}{e}\int_{t_0}^{t}\frac{1}{N_B(t)}\mathrm{d}[N_B(t)t] = \int_{t_0}^{t}N_B\mathrm{d}t \qquad (8\text{-}4)$$

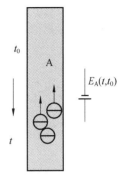

式中：$E_A(t,t_0)$——导体 A 在两端温度为 t、t_0 时形成的温差电动势；

$E_B(t,t_0)$——导体 B 在两端温度为 t、t_0 时形成的温差电动势。

3）热电动势

由前面的分析可知,热电偶回路总共存在四个电动势——两个接触电动势、两个温差电动势,如图 8-5 所示。假设导体 A 的自由电子密度大于导体 B 的自由电子密度,则总电动势为

图 8-4　温差电动势

$$E_{AB}(t,t_0) = E_{AB}(t) - E_A(t,t_0) + E_B(t,t_0) - E_{AB}(t_0) \qquad (8\text{-}5)$$

实践证明,总电动势中,温差电动势比接触电动势小很多,经常可以忽略不计,故热电偶的热电动势可表示为

$$E_{AB}(t,t_0) = E_{AB}(t) - E_{AB}(t_0) = \frac{kt}{e}\ln\frac{N_A(t)}{N_B(t)} - \frac{kt_0}{e}\ln\frac{N_A(t_0)}{N_B(t_0)} \qquad (8\text{-}6)$$

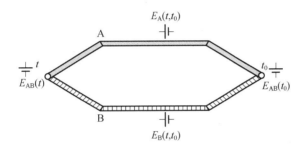

图 8-5　热电偶回路的总电动势

由此可见,热电偶的热电动势与两种材料的自由电子密度以及两接触点的温度有关,可得出以下结论：

（1）若热电偶两电极相同,即 $N_A(t)=N_B(t)$, $N_A(t_0)=N_B(t_0)$,则无论两接触点温度如何,热电动势始终为 0；

（2）若组成热电偶的两个电极的材料虽然不相同,但是两接触点的温度相同,则热电动势依然为 0；

（3）热电偶产生的热电动势大小与电极材料（N_A、N_B）和接触点温度（t、t_0）有关,与其尺寸、形状等无关；

（4）自由电子密度取决于热电偶材料的特性和温度,当热电极 A、B 选定后,热电动势 $E_{AB}(t,t_0)$ 就是两接触点温度 t 和 t_0 的函数差,即

$$E_{AB}(t,t_0) = f(t) - f(t_0) = f(t) - C$$

因此,可以利用该原理进行测温。当保持热电偶自由端温度 t_0 不变时,只要用仪表测出热电动势,就可以求得工作端温度 t。

对于由不同金属组成的热电偶,温度与热电动势之间有不同的函数关系,一般通过实验方法来确定,并将不同温度下所测得的结果列成表格,编制出各种热电偶的热电动势与温度的对照表,称为分度表,供使用时查阅。部分类型热电偶的分度表如表 8-1 至表 8-6 所示。

表 8-1　K 型热电偶分度表　　　　　　　　　　　　　　　　　参考端温度:0 ℃

测量端温度/℃	0	10	20	30	40	50	60	70	80	90
	热电动势/mV									
0	0.000	0.397	0.798	01.203	01.611	02.022	02.436	02.850	03.266	03.681
100	04.095	04.508	04.919	05.327	05.733	06.137	06.539	06.939	07.338	07.737
200	08.137	08.537	08.938	09.341	09.745	10.151	10.560	10.969	11.381	11.793
300	12.207	12.623	13.039	13.456	13.874	14.292	14.712	15.132	15.552	15.974
400	16.395	16.818	17.241	17.664	18.088	18.513	18.938	19.363	19.788	20.214
500	20.640	21.066	21.493	21.919	22.346	22.772	23.198	23.624	24.050	24.476
600	24.902	25.327	25.751	26.176	26.599	27.022	27.445	27.867	28.288	28.709
700	29.128	29.547	29.965	30.383	30.799	31.214	31.629	32.042	32.455	32.866
800	33.277	33.686	34.095	34.502	34.909	35.314	35.718	36.121	36.524	36.925
900	37.325	37.724	38.122	38.519	38.915	39.310	39.703	40.096	40.488	40.879
1000	41.269	41.657	42.045	42.432	42.817	43.202	43.585	43.968	44.349	44.729
1100	45.108	45.486	45.863	46.238	46.612	46.985	47.356	47.726	48.095	48.462
1200	48.828	49.192	49.555	49.916	50.276	50.633	50.990	51.344	51.697	52.049
1300	52.398	53.093	53.093	53.439	53.782	54.125	54.466	54.807	—	—

表 8-2　N 型热电偶分度表　　　　　　　　　　　　　　　　　参考端温度:0 ℃

测量端温度/℃	0	10	20	30	40	50	60	70	80	90
	热电动势/mV									
0	0.000	0.261	0.525	0.793	01.065	01.340	01.619	01.902	02.189	02.480
100	02.774	03.072	03.374	03.680	03.989	04.302	04.618	04.937	05.259	05.585
200	05.913	06.245	06.579	06.916	07.255	07.597	07.941	08.288	08.637	08.988
300	09.341	09.696	10.054	10.413	10.774	11.136	11.501	11.867	12.234	12.603
400	12.974	13.346	13.719	14.094	14.469	14.846	15.225	15.604	15.984	16.336
500	16.748	17.131	17.515	17.900	18.286	18.672	19.059	19.447	19.835	20.224
600	20.613	21.003	21.393	21.784	22.175	22.566	22.958	23.350	23.742	24.134
700	24.527	24.919	25.312	25.705	26.098	26.491	26.883	27.276	27.669	28.062
800	28.455	28.847	29.239	29.632	30.024	30.416	30.807	31.199	31.590	31.981
900	32.371	32.761	33.151	33.541	33.930	34.319	34.707	35.095	35.482	35.869
1000	36.256	36.641	37.027	37.411	37.795	38.179	38.562	38.944	39.326	39.706
1100	40.087	40.466	40.845	41.223	41.600	41.976	42.352	42.727	43.101	43.474
1200	43.846	44.218	44.588	44.958	45.326	45.694	46.060	46.425	46.789	47.152
1300	47.513	—	—	—	—	—	—	—	—	—

表 8-3 E 型热电偶分度表 参考端温度:0 ℃

测量端温度/℃	0	10	20	30	40	50	60	70	80	90
	热电动势/mV									
0	0.000	0.591	01.192	01.801	02.419	03.047	03.683	04.329	04.983	05.646
100	06.317	06.996	07.683	08.377	09.078	09.787	10.501	11.222	11.949	12.681
200	13.419	14.161	14.909	15.661	16.417	17.178	17.942	18.710	19.481	20.256
300	21.033	21.814	22.597	23.383	24.171	24.961	25.754	26.549	27.345	28.143
400	28.943	29.744	30.546	31.350	32.155	32.960	33.767	34.574	35.382	36.190
500	36.999	37.808	39.426	40.236	41.045	41.853	42.662	43.470	44.278	45.085
600	45.085	45.891	46.697	47.502	48.306	49.109	49.911	50.713	51.513	52.312
700	53.110	53.907	54.703	55.498	56.291	57.083	57.873	58.663	59.451	60.237
800	61.022	61.806	62.588	63.368	64.147	64.924	65.700	66.473	67.245	68.015
900	68.783	69.549	70.313	71.075	71.835	72.593	73.350	74.104	74.857	75.608
1000	76.358	—	—	—	—	—	—	—	—	—

表 8-4 J 型热电偶分度表 参考端温度:0 ℃

测量端温度/℃	0	10	20	30	40	50	60	70	80	90
	热电动势/mV									
0	0.000	0.507	01.019	01.536	02.058	02.585	03.115	03.649	04.186	04.725
100	05.268	05.812	06.359	06.907	07.457	08.008	08.560	09.113	09.667	10.222
200	10.777	11.332	11.887	12.442	12.998	13.553	14.108	14.663	15.217	15.771
300	16.325	16.879	17.432	17.984	18.537	19.089	19.640	20.192	20.743	21.295
400	21.846	22.397	22.949	23.501	24.054	24.607	25.161	25.716	26.272	26.829
500	27.388	27.949	28.511	29.075	29.642	30.210	30.782	31.356	31.933	32.513
600	33.096	33.683	34.273	34.867	35.464	36.066	36.671	37.280	37.893	38.510
700	39.130	39.754	40.382	41.013	41.647	42.283	42.922	43.563	44.207	44.852
800	45.498	46.144	46.790	47.434	48.076	48.716	49.354	49.989	50.621	51.249
900	51.875	52.496	53.115	53.729	54.321	54.948	55.553	56.155	56.753	57.349
1000	57.942	58.533	59.121	59.708	60.293	60.876	61.459	62.039	62.619	63.199
1100	63.777	64.355	64.933	65.510	66.087	66.664	67.240	67.815	68.390	68.964
1200	69.536	—	—	—	—	—	—	—	—	—

表 8-5　T 型热电偶分度表 　　　　　　　　　　　　　　参考端温度:0 ℃

测量端温度/℃	0	10	20	30	40	50	60	70	80	90
	热电动势/mV									
0	0.000	0.391	0.789	01.196	01.611	02.035	02.467	02.908	03.357	03.813
100	04.277	04.749	05.227	05.712	06.204	06.702	07.207	07.718	08.235	08.757
200	09.286	09.820	10.360	10.905	11.456	12.011	12.572	13.137	13.707	14.281
300	14.860	15.443	16.030	16.621	17.217	17.816	—	—	—	—

表 8-6　S 型热电偶分度表 　　　　　　　　　　　　　　参考端温度:0 ℃

测量端温度/℃	0	10	20	30	40	50	60	70	80	90
	热电动势/mV									
0	0.000	0.055	0.113	0.173	0.235	0.299	0.365	0.432	0.502	0.573
100	0.645	0.719	0.795	0.872	0.950	01.029	01.109	01.190	01.273	01.356
200	01.440	01.525	01.611	01.698	01.785	01.873	01.962	02.051	02.141	02.232
300	02.323	02.414	02.506	02.599	02.692	02.786	02.880	02.974	03.069	03.164
400	03.260	03.356	03.452	03.549	03.645	03.743	03.840	03.938	04.036	04.135
500	04.234	04.333	04.432	04.532	04.632	04.732	04.832	04.933	05.034	05.136
600	05.237	05.339	05.442	05.544	05.648	05.751	05.855	05.960	06.064	06.169
700	06.274	06.380	06.486	06.592	06.699	06.805	06.913	07.020	07.128	07.236
800	07.345	07.454	07.563	07.672	07.782	07.892	08.003	08.114	08.225	08.336
900	08.448	08.560	08.673	08.786	08.899	09.012	09.126	09.240	09.355	09.470
1000	09.585	09.700	09.816	09.932	10.048	10.165	10.282	10.400	10.517	10.635
1100	10.754	10.872	10.991	11.110	11.229	11.348	11.467	11.587	11.707	11.827
1200	11.947	12.067	12.188	12.308	12.429	12.550	12.671	12.792	12.913	13.034

上述表中温度按照 10 ℃分挡,其中间值可以采用内插法计算,即假设小范围内相邻值间呈近似线性关系:

$$t_M = t_L + \frac{E_M - E_L}{E_H - E_L}(t_H - t_L) \tag{8-7}$$

式中:t_M——被测温度;

　　　t_H——大于被测温度的临近高温;

　　　t_L——小于被测温度的临近低温;

　　　E_M、E_L、E_H——t_M、t_L、t_H 对应的热电动势。

2.热电偶基本定律

利用热电偶作为传感器进行温度检测时,需要解决一系列实际问题,如必须在热电偶回路中引入转换电路和显示电路才能构成记录仪表,必须正确选择和使用热电偶等。下述基本定律为解决实际问题提供了理论依据。

1）中间导体定律

利用热电偶进行测温时,必须在回路中引入连接导线和仪表,这样会影响回路中的热电动势吗? 中间导体定律说明,在热电偶测温回路内接入第三种导体,只要其两端温度相同,则对回路中的热电动势就没有影响。

如图 8-6(a)所示,在热电偶的参考端断开并接入连接导线 C;如图 8-6(b)所示,在电极 B 中间断开并接入连接导线 C。无论是哪一种情况,回路中热电动势均可以表达为

$$E_{\mathrm{ABC}}(t,t_0) = E_{\mathrm{AB}}(t) + E_{\mathrm{BC}}(t_0) + E_{\mathrm{CA}}(t_0) = E_{\mathrm{AB}}(t,t_0) = E_{\mathrm{AB}}(t) - E_{\mathrm{AB}}(t_0) \quad (8\text{-}8)$$

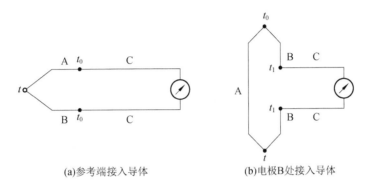

(a)参考端接入导体　　　　　　(b)电极B处接入导体

图 8-6　热电偶回路接入第三导体

同理,在回路中加入第四种、第五种或者更多导体后,只要保证加入导体两端的温度相同,就均不影响回路中的热电动势。

因此,中间导体定律意义重大:在实际的热电偶测温应用中,测量仪表(如动圈式毫伏表、电子电位差计等)和连接导线都可以作为中间导体对待。

2）中间温度定律

如图 8-7 所示,热电偶测温回路中,测量端温度为 t,自由端温度为 t_0,中间温度为 t_c,则有

$$E_{\mathrm{AB}}(t,t_0) = E_{\mathrm{AB}}(t,t_c) + E_{\mathrm{AB}}(t_c,t_0) \quad (8\text{-}9)$$

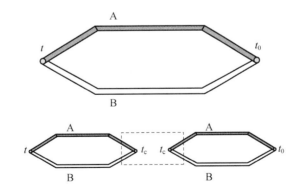

图 8-7　中间温度定律示意图

中间温度定律为使用热电偶分度表提供了依据。同时,可采用补偿导线,使测量距离加长,消除热电偶自由端温度变化的影响。

3）参考电极定律

如图 8-8 所示,当两种导体 A、B 分别与第三种导体 C 组成的热电偶所产生的热电动势已

知,则由这两种导体 A、B 组成的热电偶产生的热电动势为

$$E_{AB}(t,t_0) = E_{AC}(t,t_0) - E_{BC}(t,t_0)$$

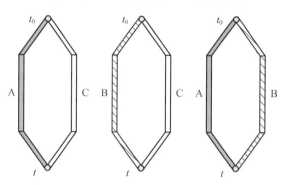

图 8-8　参考电极定律示意图

其中导体 C 称为参考电极,或者标准电极,故把这一性质称为参考电极定律或组成定律。

参考电极定律大大简化了热电偶选配工作。由于纯铂丝的物理化学性能稳定,熔点较高,易提纯,因此目前常用纯铂丝作为参考电极。根据该定律,只要获得与标准铂电极配对的热电动势,任何两个热电极配对的热电动势便可求得,而不需要逐个进行测定。

例 8-1　热端为 100 ℃、冷端为 0 ℃时,镍铬合金与纯铂组成的热电偶的热电动势为 2.95 mV,而考铜与纯铂组成的热电偶的热电动势为 −4.0 mV,求镍铬合金和考铜组合而成的热电偶所产生的热电动势。

解　镍铬合金-考铜热电偶的热电动势为 $E_{AB}(t,t_0)$,镍铬合金-纯铂热电偶的热电动势为 $E_{AC}(t,t_0) = 2.95$ mV,考铜-纯铂热电偶的热电动势为 $E_{BC}(t,t_0) = -4.0$ mV,则

$$E_{AB}(t,t_0) = E_{AC}(t,t_0) - E_{BC}(t,t_0) = 2.95 \text{ mV} - (-4.0 \text{ mV}) = 6.95 \text{ mV}$$

4)匀质导体定律

由同一种匀质(电子密度处处相同)导体或半导体组成的闭合回路中,不论其截面积和长度如何,不论其各处的温度分布如何,都不能产生热电动势,这就是匀质导体定律。

(1)热电偶必须由两种不同的匀质材料制成,热电动势的大小只与热电极材料及两个接触点的温度有关,而与热电极的截面积及温度分布无关。

(2)此定律可用来检验热电极材料是否为匀质材料。

8.1.2　热电偶的种类和结构

热电偶的结构主要是针对检测对象和应用场合的特征所设计的,根据常见的结构形式,热电偶主要有普通热电偶、铠装式热电偶、快速反应薄膜热电偶等。

1. 热电偶的种类

从理论上讲,只要两种导体材料不同,就可以构成热电偶,但实际上并不是所有材料都能制作热电偶,热电偶材料必须满足一些要求,特别是用于精确、可靠测量的热电偶材料必须满足如下要求:

(1)性能稳定。在规定温度测量范围内,热电极的热电性能稳定。

(2)温度测量范围广。热电偶材料受温度作用后能产生较高的热电动势,热电动势与温

度之间的关系最好是线性或者近似线性的单值函数关系。

（3）物理性能稳定。导电性能好,热容量小。

（4）化学性能稳定。保证在不同介质中测量时不被腐蚀。

（5）力学性能好,材质均匀。

（6）复现性好,便于大批量生产和互换,便于制定统一的分度表。

满足以上要求的热电偶材料并不多,我国把性能符合专业标准或国家标准并且有统一分度表的热电偶材料称为定型热电偶材料。标准化热电偶有铂铑 30-铂铑 6（B 型）热电偶、铂铑 10-铂（S 型）热电偶、镍铬-镍硅（K 型）热电偶、镍铬-康铜（E 型）热电偶等。

2.热电偶的结构

1）普通热电偶

工业上常用的普通热电偶由热电极、绝缘管、保护套、接线盒等组成,如图 8-9 所示。该热电偶在工业上应用广泛。

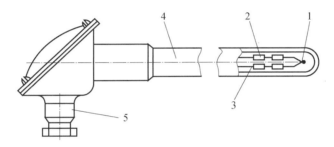

图 8-9　普通热电偶结构示意图

1—热端;2—绝缘管;3—热电极;4—保护套;5—接线盒

普通热电偶主要用于测量气体和液体等介质的温度,可根据测量条件和测量范围选用。为了防止有害介质对热电极的侵蚀,工业用的普通热电偶一般都有保护套。普通热电偶的外形有棒形、三角形、锥形等。普通热电偶与外部设备的安装方式有螺纹固定、法兰盘固定等。

2）铠装式热电偶

铠装式热电偶又称为套管式热电偶,其结构如图 8-10 所示,它由热电极、绝缘材料、金属套管三者拉细组合而成一体。根据热端形状不同,铠装式热电偶可分为不同的类型。

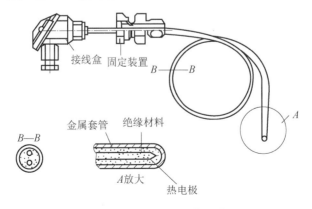

图 8-10　铠装式热电偶结构

铠装式热电偶的优点是小型化（直径 0.25～12 mm）,测温端热容量小,动态响应快,机械强度高,挠性好,可安装在结构复杂的装置上。测温范围在1100 ℃以内的有镍铬-镍硅铠装式热电偶、镍铬-考铜铠装式热电偶。

3）快速反应薄膜热电偶

快速反应薄膜热电偶是将两种薄膜热电极材料用真空蒸镀、化学涂层等方法镀到绝缘基板(云母、陶瓷片、玻璃及酚醛塑料纸等)上制成的一种特殊热电偶,其结构如图8-11所示。

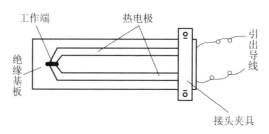

图 8-11　快速反应薄膜热电偶结构

该热电偶特别适用于对壁面温度的快速测量。安装时,用黏结剂将它粘贴在被测物体壁面上。其优点是热接点可以做得很小、很薄(0.01~0.1 μm),具有热容量小、反应速度快(毫秒级)等特点,适用于微小面积上的表面温度测量、快速变化的动态温度测量(300 ℃以下)等。

8.1.3　热电偶的冷端温度补偿

由热电偶测温原理可知,只有当热电偶的冷端温度保持不变时,热电动势才是被测温度的单值函数。工程技术上使用的热电偶分度表和根据分度表刻画的测温显示仪表的刻度都是根据冷端温度为0 ℃而制作的。在实际使用时,由于热电偶的热端(测量端)与冷端离得很近,冷端又暴露于空间中,容易受到环境温度的影响,因此冷端温度很难保持恒定。为此需要进行温度补偿。常用的冷端温度补偿方法有冷端恒温法、计算修正法、补偿导线法、零点迁移法、电桥补偿法(冷端补偿器法)、软件处理法等。

1.冷端恒温法

冷端恒温法即将冷端置于0 ℃或者恒定温度的环境中,主要有以下几种。

(1)将冷端置于固定铁匣内,利用铁匣具有较大的热容量使得冷端温度变化不大或者变化缓慢,或将铁匣做成水套式通流水以提高恒定性。

(2)将冷端置于盛油的容器内,利用油的热惰性使接触点温度保持一致并且接近室温。

(3)将冷端置于充满绝缘物的铁管内,把铁管埋在1.5~2 mm或者更深的地下,以保持恒温。

(4)将冷端置于恒温器中,恒温器可自动控制温度恒定。

(5)将冷端置于冰水混合物中,保持0 ℃不变。这种方法称为冰点槽法。如图8-12所示,为了避免冰水导电引起两个接触点短路,必须把接触点分别置于两个玻璃试管中,然后浸入同一个冰点槽内,使其相互绝缘。此方法精度高,一般在实验室采用。

2.补偿导线法

补偿导线是指在一定温度范围(通常为0~150 ℃)内,与配用热电偶的热电特性相同的一对带有绝缘层的导线。

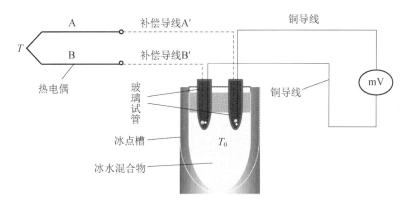

图 8-12　冰点槽法示意图

测温时,热电偶长度受一定的限制,使得冷端温度直接受到被测介质温度和周围环境温度的影响,难以处于 0 ℃,而且温度非常不稳定。因此,通常采用补偿导线把热电偶的冷端(自由端)延伸到温度比较稳定的控制室内,连接到仪表端上,如图 8-13 所示。

根据中间温度定律,当热电极 A、B 与补偿导线 A′、B′相连接后,仍然可以看作仅由热电极 A、B 组成的回路。必须指出,热电偶补偿导线只起延伸热电极,使热电偶的冷端移动到控制室的仪表端上的作用,它本身并不能消除冷端温度变化对测温的影响,不起温度补偿作用。

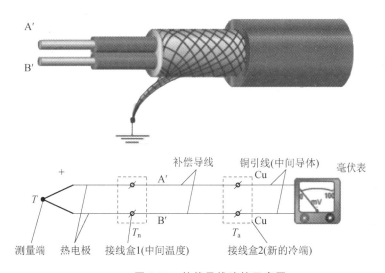

图 8-13　补偿导线连接示意图

3.电桥补偿法(冷端补偿器法)

电桥补偿法是利用不平衡电桥产生的电动势来补偿热电偶因冷端温度不在 0 ℃时引起的热电动势变化值的方法。在热电偶与测温仪表之间串接一个直流不平衡电桥,电桥中的 R_1、R_2、R_3 由电阻温度系数很小的锰铜丝制作,另一桥臂的 R_{Cu} 由温度系数较大的铜线绕制,如图 8-14 所示。

补偿原理分析:

电桥的 4 个电阻均和热电偶冷端处在同一环境温度下,R_{Cu} 的阻值随环境温度变化而变

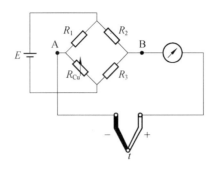

图 8-14　电桥补偿法

化,使电桥产生的不平衡电压的大小和极性随着环境温度的变化而变化,从而达到自动补偿的目的。

t_0 升高,$E_{AB}(t,t_0)$ 减小,同时 R_{Cu} 增大,根据公式:

$$U_{AB} = E \cdot \frac{R_2 R_{Cu} - R_1 R_3}{(R_{Cu} + R_1)(R_2 + R_3)} = E \cdot \frac{R_2 - \dfrac{R_1 R_3}{R_{Cu}}}{\left(1 + \dfrac{R_1}{R_{Cu}}\right)(R_2 + R_3)}$$

可知 U_{AB} 增大,最终通过调节使得 $E_{AB}(t,t_0) + U_{AB} =$ 恒定值。

通常,供 4 V 直流电,在 0～50 ℃ 或者 -20～20 ℃ 范围内进行补偿。

4. 计算修正法

在实际使用中,使冷端温度保持在 0 ℃ 很不方便,有时也使冷端温度保持在某一恒定值 t_H,再采用计算修正法。利用下列计算公式:

$$E_{AB}(t,t_0) = E_{AB}(t,t_H) + E_{AB}(t_H,t_0) \tag{8-10}$$

式中:t——测量端的温度;

　　　t_H——冷端的实际温度;

　　　t_0——冷端的标准温度(便于查分度表)。

8.1.4　热电偶的实用测温电路

1. 测量某点温度

如图 8-15(a)所示,热电偶直接与显示仪表配合来测量某一点的温度。一般,用热电偶作为感温元件时,可以与温度补偿器连接,转换成标准电信号输出,如图 8-15(b)所示。

此时,流过测温毫伏表的电流为

$$I = \frac{E_{AB}(t,t_0)}{R_L + R_C + R_M}$$

2. 测量两点之间的温度差(反向串联)

两个同型号的热电偶配用相同的补偿导线,其接线应使两热电动势反向串联,此时仪表可测得 t_1 和 t_2 之间的温度差值,其连接电路如图 8-16 所示。

回路中总电动势为

$$E_t = E_{AB}(t_1,t_0) + E_{BA}(t_2,t_0) = E_{AB}(t_1,t_2) \tag{8-11}$$

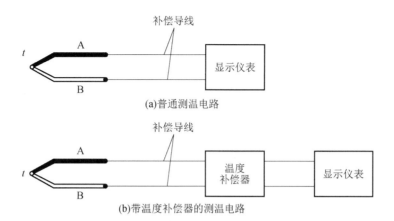

图 8-15　测量某点温度的电路示意图

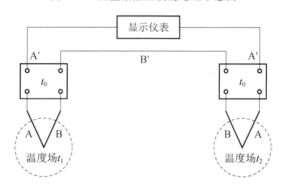

图 8-16　测量两点之间的温度差的连接电路

3.测量设备中的平均温度(同向并联)

一般可以将几个同型号的热电偶同向并联,并要求热电偶工作在线性段。在每个热电偶线路中分别串联均衡电阻 R。根据电路理论,当仪表的输入阻抗很大时,回路中总的热电动势等于热电偶输出电动势之和的平均值。其连接电路如图 8-17 所示。

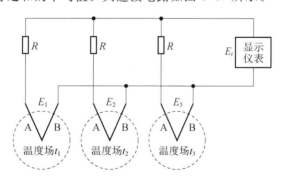

图 8-17　测量平均温度的连接电路

假设热电偶的输出分别为 $E_1 = E_{AB}(t_1, t_0)$,$E_2 = E_{AB}(t_2, t_0')$,$E_3 = E_{AB}(t_3, t_0'')$,$\cdots$,则回路中的总电动势为

$$E_t = \frac{E_1 + E_2 + \cdots + E_n}{n} \tag{8-12}$$

4.测量温度之和(同向串联)

将几个同型号的热电偶依次正负同向串联,可以测量温度之和,如图 8-18 所示。

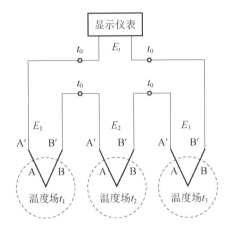

图 8-18　测量温度之和的连接电路

该测温电路输出热电动势大,仪表的灵敏度大大增加,因此可以感应较小的信号,而且避免了热电偶并联电路存在的缺点,可立即发现断路。但缺点是只要有一个热电偶断路,整个测温系统将停止工作,若热电偶短路,则会引起仪表显示值下降。

8.1.5　热电偶的应用

常用热电偶炉温控制系统如图 8-19 所示。定值器给出给定温度的相应毫伏值,热电偶的热电动势与定值器的毫伏值相比较,若有偏差则表示炉温偏离给定值,此偏差经放大器送入调节器,再经过晶闸管触发器推动晶闸管执行器来调整电炉丝的加热功率,直到偏差被消除,从而实现温度控制。

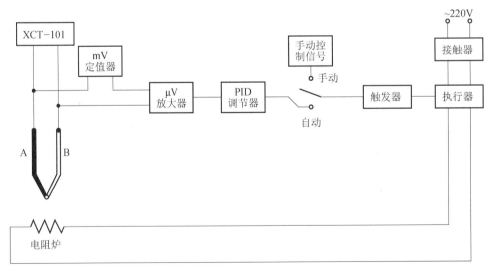

图 8-19　热电偶炉温控制系统

8.2 热 电 阻

8.2.1 热阻效应及其温度特性

热电阻传感器是利用导体的电阻随温度变化的特性,对温度和与温度有关的参数进行检测的装置。其核心原理为热阻效应,即导体的电阻率随温度变化而变化。金属原子最外层的电子能自由移动,当加上电压以后,这些无规则移动的电子就按一定的方向流动,形成电流。随着温度的增加,电子的热运动剧烈,电子之间、电子与振动的金属离子之间的碰撞机会就不断增加,因此电子的定向移动将受到阻碍,金属的电阻率也随之增大。

用于测温的热电阻材料应该具有以下特性:

(1)高温度系数、高电阻率。这样在同样条件下可加快反应速度,提高灵敏度,减小体积和重量。

(2)化学、物理性能稳定,以保证热电阻在使用温度范围内测量的准确性。

(3)良好的输出特性,即必须有线性的或者接近线性的输出。

(4)良好的工艺性,以便于批量生产、降低成本。

8.2.2 热电阻的结构与分类

1.热电阻的结构

热电阻由电阻体、保护套管和接线盒等部件构成,如图 8-20 所示。热电阻丝绕在芯柱上,芯柱采用石英、云母、陶瓷或者塑料等材料制成,可根据需要将芯柱制成不同的外形。为了防止电阻体出现电感,热电阻丝通常采用双线并绕法。

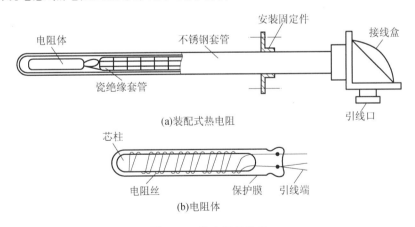

(a)装配式热电阻

(b)电阻体

图 8-20 热电阻的结构

2.热电阻的分类

1)铂热电阻

铂是一种贵重金属,其物理和化学性能非常稳定,是制造热电阻的最好材料,主要用于制作标准电阻温度计;缺点是价格比较昂贵。

在 $-200 \sim 0$ ℃,铂热电阻阻值与温度的关系可以表达为

$$R_t = R_0 \left[1 + At + Bt^2 + C(t - 100)t^3 \right] \qquad (8-13)$$

在 $0 \sim 850$ ℃,铂热电阻阻值与温度的关系可以表达为

$$R_t = R_0(1 + At + Bt^2) \qquad (8-14)$$

式中:R_0——温度为 0 ℃时的电阻阻值;

R_t——温度为 t ℃时的电阻阻值;

A、B、C——由实验确定的温度系数,$A = 3.90802 \times 10^{-3}$℃$^{-1}$,$B = -5.802 \times 10^{-7}$℃$^{-2}$,$C = -4.27350 \times 10^{-12}$℃$^{-4}$。

由此可见:热电阻在 t ℃时的阻值与 0 ℃时的阻值 R_0 有关。目前我国规定工业用铂热电阻有 $R_0 = 10$ Ω 和 $R_0 = 100$ Ω 两种,它们的分度号分别为 Pt$_{10}$ 和 Pt$_{100}$,其中 Pt$_{100}$ 较为常用。铂热电阻不同分度号亦有相应分度表,即 R_t-t 关系表,如表 8-7 所示。这样在实际测量中,只要测得热电阻的阻值 R_t,便可从分度表上查出对应的温度值。

表 8-7　铂热电阻的分度表　　　　JJG 229—2010,$R_0 = 100.00$ Ω

温度/℃	电阻/Ω									
	0	1	2	3	4	5	6	7	8	9
0	100.00	100.39	100.78	101.17	101.56	101.95	102.34	102.73	103.12	103.51
10	103.90	104.29	104.68	105.07	105.46	105.85	106.24	106.63	107.02	107.40
20	107.79	108.18	108.57	108.96	109.35	109.73	110.12	110.51	110.90	111.28
30	111.67	112.06	112.45	112.83	113.22	113.61	113.99	114.38	114.77	115.15
40	115.54	115.93	116.31	116.70	117.08	117.47	117.85	118.24	118.62	119.01
50	119.40	119.78	120.16	120.55	120.93	121.32	121.70	122.09	122.47	122.86
60	123.24	123.62	124.01	124.39	124.77	125.16	125.54	125.92	126.31	126.69
70	127.07	127.45	127.84	128.22	128.60	128.98	129.37	129.75	130.13	130.51
80	130.89	131.27	131.66	132.04	132.42	132.80	133.18	133.56	133.94	134.32
90	134.70	135.08	135.46	135.84	136.22	136.60	136.98	137.36	137.74	138.12
100	138.50	138.88	139.26	139.64	140.02	140.39	140.77	141.15	141.53	141.91
110	142.29	142.66	143.04	143.42	143.80	144.17	144.55	144.93	145.31	145.68
120	146.06	146.44	146.81	147.19	147.57	147.94	148.32	148.70	149.07	149.45
130	149.82	150.20	150.57	150.95	151.33	151.70	152.08	152.45	152.83	153.20
140	153.58	153.95	154.32	154.70	155.07	155.45	155.82	156.19	156.57	156.94
150	157.31	157.69	158.06	158.43	158.81	159.18	159.55	159.93	160.30	160.67
160	161.04	161.42	161.79	162.16	162.53	162.90	163.27	163.65	164.02	164.39
170	164.76	165.13	165.50	165.87	166.14	166.61	166.98	167.35	167.72	168.09
180	168.46	168.83	169.20	169.57	169.94	170.31	170.68	171.05	171.42	171.79
190	172.16	172.53	172.90	173.26	173.63	174.00	174.37	174.74	175.10	175.47

2）铜热电阻

铂热电阻虽然热电性能很好，但是价格昂贵，因此，在一些测量精度要求不高且温度较低的场合，可采用铜热电阻进行测温，它的测量范围为 −50～150 ℃。

铜热电阻在测量范围内的阻值与温度的关系几乎是线性的，可近似地表示为

$$R_t = R_0(1 + \alpha t) \tag{8-15}$$

式中：α——0 ℃时铜热电阻的温度系数，$\alpha = 4.28 \times 10^{-3}$℃$^{-1}$。

铜热电阻温度系数较大，价格便宜，线性度好，但缺点是电阻率低，电阻体的体积较大，热惯性大，稳定性差，因此，只能用于低温及没有浸蚀性介质的场合。

根据 R_0 的数值不同，铜热电阻有两种：Cu_{50}（$R_0 = 50\ \Omega$）和 Cu_{100}（$R_0 = 100\ \Omega$）。其中，Cu_{50} 的分度表如表 8-8 所示。

表 8-8　Cu_{50}（$R_0 = 50\ \Omega$）分度表

温度/℃	电阻/Ω									
	0	1	2	3	4	5	6	7	8	9
0	50.000	50.214	50.429	50.643	50.858	51.072	51.286	51.501	51.715	51.929
10	52.144	52.358	52.572	52.786	53.000	53.215	53.429	53.643	53.857	54.071
20	54.285	54.500	54.714	54.928	55.142	55.356	55.570	55.784	55.988	56.212
30	56.426	56.640	56.854	57.068	57.282	57.496	57.710	57.924	58.137	58.351
40	58.565	58.779	58.993	59.207	59.421	59.635	59.848	60.062	60.276	60.490
50	60.704	60.918	61.132	61.345	61.559	61.773	61.987	62.201	62.415	62.628
60	62.842	63.056	63.270	63.484	63.698	63.911	64.125	64.339	64.553	64.767
70	64.981	65.194	65.408	65.622	65.836	66.050	66.264	66.478	66.692	66.906
80	67.120	67.333	67.547	67.761	67.975	68.189	68.403	68.617	68.831	69.045
90	69.259	69.473	69.687	69.901	70.115	70.329	70.544	70.762	70.972	70.186
100	71.400	71.614	—	—	—	—	—	—	—	—

8.2.3　热电阻的测量电路

热电阻传感器的测量电路也常采用电桥电路，有两线制、三线制和四线制三种接法。由于工业用热电阻安装在生产现场，离控制室较远，因此热电阻的引线对测量结果影响较大。为了减小或者消除引线电阻的影响，目前，热电阻引线的连接方法常采用三线制和四线制接法。

1. 两线制接法

两线制接法如图 8-21 所示，在热电阻的两端各连接一根导线。假设每根导线的电阻为 r，则电桥平衡条件为

$$R_1 R_3 = R_2(R_t + 2r) \tag{8-16}$$

因此，可以推导出

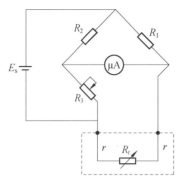

图 8-21　两线制接法

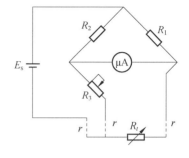

图 8-22　三线制接法

$$R_t = \frac{R_1 R_3}{R_2} - 2r \tag{8-17}$$

可以看出,如果在实际测量中不考虑导线电阻,将会导致测量结果不准确,有一定的误差。两线制接法适用于引线不长、测温精度要求比较低的场合。

2. 三线制接法

在电阻体的一端连接两根引线,另一端连接一根引线,此种连接方法称为三线制接法,如图 8-22 所示。电桥平衡时,有

$$(R_t + r)R_2 = (R_3 + r)R_1 \tag{8-18}$$

所以

$$R_t = \frac{R_1(r + R_3)}{R_2} - r \tag{8-19}$$

假设 $R_1 = R_2$,则式(8-19)与 $r = 0$ 时的电桥平衡公式完全相同,因此,采用该接法时导线电阻 r 对测量结果完全没有影响,便于提高测量精度,所以工业热电阻多采用此种连接方法。

3. 四线制接法

在电阻体的两端各连接两根引线,称为四线制接法,如图 8-23所示。

热电阻上引出四根引线,其中两根引线提供恒流源 I,在热电阻上产生的压降通过另外两根引线接入直流电位差计。这种接线方式不仅可以消除连接线电阻的影响,而且可以消除测量电路中寄生电动势引起的误差。四线制接法主要用于高精度的温度检测,比如高精度的温度变送器。

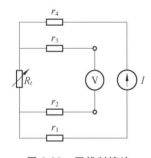

图 8-23　四线制接法

8.2.4　热电阻的应用

用于测量热电阻的仪表种类很多,它们的准确度、测量速度、测量电路各不相同,可以根据测量对象要求,选择适宜的仪器和测量电路。图 8-24 所示为采用 EL-700(100 Ω,Pt$_{100}$)铂电阻的高精度温度测量电路,测温范围为 20~120 ℃,对应的输出为 0~2 V,输出电压可直接输入单片机作显示和控制信号。

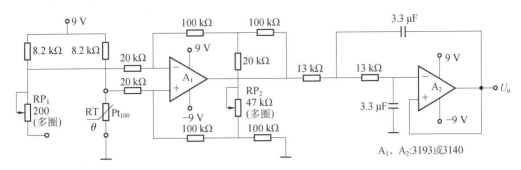

图 8-24　铂电阻测温电路

8.3　热　敏　电　阻

热敏电阻是利用半导体材料的电阻率随温度变化而变化的性质制成的热敏器件,与金属热电阻比较而言,它温度系数高,灵敏度高,热惯性好(适宜动态测量),但稳定性和互换性较差。金属的电阻随温度的升高而增大,但半导体相反,它的电阻随温度的升高而急剧减小,并呈现非线性。

热敏电阻主要由某些金属氧化物(如 NiO、MnO_2、CuO、TiO_2 等),采用不同比例配方,经过高温烧结而成。如图 8-25 所示,热敏电阻主要由敏感元件、引线和壳体组成;根据使用要求,可以制成玻璃罩珠状、片状、垫圈状、杆状等各种形状,其直径或厚度约为 1 mm,长度往往不到 3 mm。

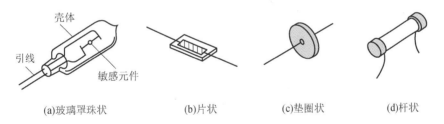

(a)玻璃罩珠状　　　　　(b)片状　　　　　(c)垫圈状　　　　　(d)杆状

图 8-25　热敏电阻的结构和形状

热敏电阻按照其温度特性不同可以分为三种类型:正温度系数(PTC)热敏电阻、负温度系数(NTC)热敏电阻、临界温度热敏电阻(CTR)。

8.3.1　热敏电阻的温度特性

热敏电阻的温度特性指半导体材料的电阻随温度变化而变化的特性。图 8-26 所示为三类热敏电阻的温度特性曲线。

分析该特性曲线图可知:

(1)热敏电阻的温度系数远大于金属热电阻的温度系数,所以灵敏度很高;

(2)热敏电阻的 R_t-t 曲线非线性现象十分严重,所以其测温范围小于金属热电阻的测温范围。正温度系数热敏电阻的阻值与温度的关系可表示为

$$R_t = R_0 \exp[A(t - t_0)]$$ 　　　　　(8-20)

式中:R_t、R_0——热敏电阻在温度分别为 t、t_0 时的阻值;

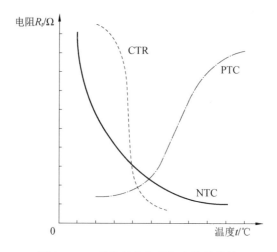

图 8-26　三类热敏电阻的温度特性曲线

A——热敏电阻的材料常数。

大多数热敏电阻具有负温度系数,其阻值与温度的关系可表示为

$$R_t = R_0 \exp\left(\frac{B}{t} - \frac{B}{t_0}\right)$$ (8-21)

式中:B——热敏电阻的材料常数(单位为 K,由材料、工艺及结构决定,B 一般为 1500～6000 K)。

图 8-27 所示为 NTC 热敏电阻在不同 B 值下的温度特性曲线,温度越高,阻值越小,且有明显的非线性。NTC 热敏电阻具有很高的负电阻温度系数,特别适用于－100～300 ℃范围内的测温。

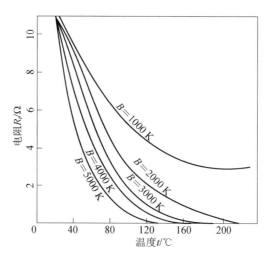

图 8-27　NTC 热敏电阻的温度特性曲线

8.3.2　热敏电阻的应用

1. 温度控制

图 8-28 所示是利用热敏电阻作为测温元件,自动控制温度的电加热器的原理。电位器

RP 用于调节不同的控温范围。测温用的热敏电阻 R_T 作为偏置电阻接在 VT_1、VT_2 组成的差分放大器电路内。当温度变化时,热敏电阻的阻值变化,引起 VT_1 集电流变化,影响二极管 VD 支路电流,从而使电容 C 充电电流发生变化,相应的充电速度发生变化,则电容电压升到单结晶体管 VT_3 峰点电压的时刻发生变化,即单结晶体管的输出脉冲产生相移,改变晶闸管 VT_4 的导通角,从而改变加热丝的电源电压,达到自动控制温度的目的。

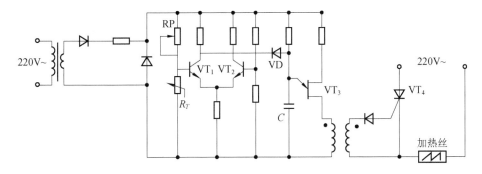

图 8-28　热敏电阻温度控制原理

2. 管道流量检测

如图 8-29 所示,RT_1 和 RT_2 是热敏电阻,RT_1 放在被测流量管道中,RT_2 放在不受流体干扰的容器内,R_1 是普通电阻,R_2 是电位器,四个电阻组成电桥。

当流体静止时,电桥处于平衡状态。当流体流动时,带走一部分热量,由于 RT_1 和 RT_2 的散热情况不同,RT_1 阻值因温度变化而变化,电桥失去平衡,电流表有指示。因为 RT_1 的散热条件取决于流量的大小,因此测量结果反映流量的变化。

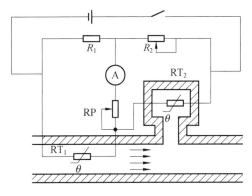

图 8-29　管道流量检测

能力训练

8-1　已知分度号为 S 的热电偶冷端温度 $t_0 = 20$ ℃,现测得热电动势为 11.710 mV,求被测温度。

8-2　现用镍铬-铜镍热电偶测某换热器内的温度,其冷端温度为 30 ℃,显示仪表的机械零位在 0 ℃时,指示值为 400 ℃,则认为换热器内的温度为 430 ℃对不对? 为什么? 若不对,应为多少?

8-3　用两个铂铑 10-铂热电偶串联来测量炉温,连接方式分别如图 8-30(a)(b)(c)所示。

已知炉内温度均匀,最高温度为 1000 ℃,假设补偿导线 C、D 与热电偶 A、B 本身在 100 ℃ 以下具有相同的热电特性。

(1) 试分别计算测量仪表的测量范围(以最大毫伏数表示)。

(2) 若测量仪表得到的信号是 15 mV,分别计算这时炉子的实际温度。

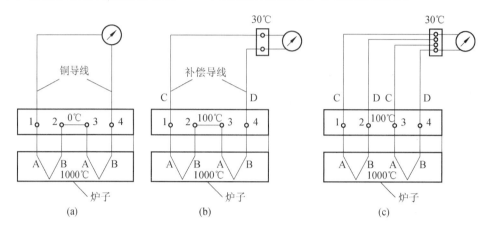

图 8-30   题 8-3 图

8-4   在图 8-31 所示热电偶回路中,加入第三种材料 C、第四种材料 D(无论插入何处),试证明只要加入材料的两端温度相同,回路的总电动势就不变($N_A > N_B, t > t_0$)。

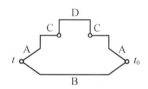

图 8-31   题 8-4 图

8-5   用镍铬-镍硅(K)热电偶测温度,已知冷端温度为 40 ℃,用高精度毫伏表测得这时的热电动势为 29.188 mV,求被测点温度。

8-6   图 8-32 所示为镍铬-镍硅热电偶,A′、B′ 为补偿导线,Cu 为铜导线,已知接线盒 1 的温度 $t_1 = 40.0$ ℃,冰水温度 $t_2 = 0.0$ ℃,接线盒 2 的温度 $t_3 = 20.0$ ℃。试求:

(1) 当 $U_3 = 39.310$ mV 时,被测点温度 t。

(2) 如果 A′、B′ 换成铜导线,此时 $U_3 = 37.699$ mV,再求被测点温度 t。

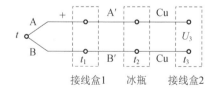

图 8-32   题 8-6 图

课外拓展

生活中还有哪些地方用到了热电式传感器?请试举例一二并分析其工作原理。

第9章 光电式传感器

学习目标

- 理解光电效应的原理
- 列举光电器件并说明其工作特点
- 应用光电式传感器设计测量系统

实例导入

照相机曝光指的是拍摄照片的亮度,相机通过控制三大参数(快门、光圈、ISO)来控制曝光,决定最终输出照片是暗还是亮。通常有自动曝光、半自动曝光和手动曝光三种方式。自动曝光指的是相机在自动挡或半自动挡下,自动判断光线,然后自行决定如何调整三大参数,从而拍出亮度正常的画面。用户在自动挡下无须干预曝光设置,只需按下快门即可。照相机自动曝光,采用的是什么传感器呢?

9.1 光电效应及光电器件

光电式传感器通常指能检测从紫外线到红外线的光波,并能将光信号转化成电信号的器件。其传感原理是光电效应。

9.1.1 光电效应

半导体材料受到光照时会产生电子-空穴对,电学性能发生改变,这种由光照引起的物体电学性能的改变称为光电效应。

半导体光电效应可分为外光电效应和内光电效应。在光的作用下,物体内部的电子逸出物体表面向外发射的现象,称为外光电效应。在光的作用下,只是物体内部的电学性能发生改变而没有电子逸出物体表面向外发射的现象,称为内光电效应。

具有外光电效应的器件有光电管和光电倍增管;具有内光电效应的器件有光敏电阻、光电二极管、光电三极管。

9.1.2 光电管与光电倍增管

光可以看成具有一定能量的粒子流,这些粒子称为光子,每个光子所具有的能量 E 正比于光的频率 ν,即

$$E = h\nu \tag{9-1}$$

式中：h——普朗克常量，$h=6.626\times10^{-34}$ J·s；

ν——光的频率。

爱因斯坦提出：光具有波粒二象性。根据爱因斯坦的假设，一个电子只能接受一个光子的能量，所以要使一个电子从物体表面逸出，必须使光子的能量大于该物体的表面逸出功，超过部分的能量表现为逸出电子的动能。外光电效应多发生于金属和金属氧化物，从光开始照射至释放电子所需时间不超过 10^{-9} s。

根据能量守恒定律，电子能否产生，取决于光子的能量是否大于该物体的表面逸出功。不同的物体具有不同的表面逸出功，即每一个物体都有一个对应的光频阈值，称为红限频率或波长限。光线频率低于红限频率，光子能量不足以使物体内的电子逸出，因而小于红限频率的入射光，光强再大也不会产生电子发射；反之，入射光频率高于红限频率，即使光线微弱，也会有电子射出。当入射光的频谱成分不变时，产生的光电流与光强成正比，即光强愈大，意味着入射光子数越多，逸出的电子数也就越多。

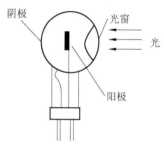

图 9-1　光电管结构示意图

光电管结构如图 9-1 所示。阳极是由环状的单根金属丝构成，阴极是在半圆形的金属片上涂上感光材料形成的，不同的感光材料光谱特性不同。合适的光线照射在阴极，就可以激发出电子，电子到达阳极即可产生光电流。

光电管工作时，照射到阴极的光子少，则电子数量少，信号非常微弱。图 9-2 所示是光电倍增管原理示意图。微弱光照射在阴极上，产生较少的电子，再经过电场的加速作用，动能增加，轰击到倍增电极上。经过多次倍增之后，电流得到放大。

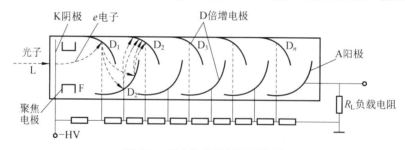

图 9-2　光电倍增管原理示意图

9.1.3　光敏电阻

半导体材料受到光照时会产生电子-空穴对，导电性能增强，光线愈强，其阻值愈低。这种受到光照后电阻率发生变化的现象，称为光电导效应。光敏电阻就是利用光电导效应工作的。

光敏电阻在弱光辐射下光电导灵敏度 S_g 与光敏电阻两电极间距离 l 的平方成反比；在强辐射作用下，S_g 与 $l^{\frac{3}{2}}$ 成反比。因此在设计光敏电阻时，应尽可能地缩短光敏电阻两极间距离。光敏电阻的典型结构如图 9-3 所示。

光敏电阻主要有以下特点：光谱响应范围相当宽，不同的材料可检测可见光、红外光、远红外光、紫外光等；工作电流大，可达数毫安；所测光强度范围宽，既可测弱光，也可测强光；灵敏度高。光敏电阻检测电路如图 9-4 所示。

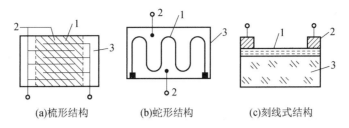

(a)梳形结构　　　　(b)蛇形结构　　　　(c)刻线式结构

图 9-3　光敏电阻的典型结构

1—光电导材料；2—电极；3—衬底材料

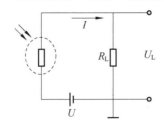

图 9-4　光敏电阻检测电路

9.1.4　光敏晶体管

达到内部动态平衡的半导体 PN 结，在光照的作用下，两端产生电动势，称为光生电动势。这就是光生伏特效应，也称光伏效应。

PN 结内建电场使得载流子（电子和空穴）的扩散和漂移运动达到了动态的平衡，在光子能量大于禁带宽度的光照的作用下，激发出的电子-空穴对打破原有平衡，电子和空穴分别向 N 区和 P 区移动，形成光电流，同时形成载流子的积累，使内建电场减小，相当于在 PN 结上加了一个正向电压，即光生电动势。PN 结及耗尽区如图 9-5 所示。

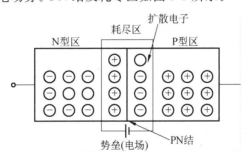

图 9-5　PN 结及耗尽区

当 PN 结外接回路时，总电流与光生电流和结电流之间的关系为

$$I = I_s e^{\frac{qU}{KT}} - I_s \qquad (9\text{-}2)$$

式中：I_s——反向饱和电流；

　　U——光生电动势。

式中 $I_s e^{\frac{qU}{KT}}$ 代表正向电流，方向从 P 端经过 PN 结指向 N 端，它与外电压有关，$U>0$ 时，它将迅速增大；$U=0$ 时，它等于 0；$U<0$ 时，它趋近于 0。

I_s 代表反向饱和电流，它的方向与正向电流方向相反，它随反向偏压的增大而增大，渐渐趋向饱和值,随温度升高略增大。

在光照条件下,形成的光电流 I_P 与光照有关,其方向与 PN 结的反向饱和电流方向相同。流过 PN 结的电流方程为

$$I_L = I - I_P = I_s(e^{\frac{qU}{KT}} - 1) - I_P \tag{9-3}$$

光伏效应中与光照相联系的是少数载流子的行为,这些载流子的寿命通常很短。所以以光伏效应为基础的检测器件比以光电导效应为基础的检测器件有更快的响应速度。

如果工作在零偏置的开路状态,PN 结光电器件产生光生伏特效应。如果工作在反偏置状态,无光照时电阻很大,电流很小;有光照时电阻变小,电流就变大,而且光电流随照度变化而变化。

利用 PN 结原理制作的光敏晶体管有两种:光电二极管和光电三极管。

硅光电二极管工作在光电导工作模式。在无光照时,若给 PN 结加上一个适当的反向电压,流过 PN 结的电流称为反向饱和电流或暗电流。当硅光电二极管受到光照时,则在结区产生的光生载流子将被内建电场拉开,在外加电场的作用下形成以少数载流子漂移运动为主的光电流。光照越强,光电流就越大。硅光电二极管的结构可分为以 P 型硅为衬底的 2DU 型与以 N 型硅为衬底的 2CU 型两种形式。

硅光电三极管与普通晶体三极管相似——具有电流放大作用,只是它的集电极电流不只受基极电流控制,还受光的控制。所以硅光电三极管的外形有光窗,管型分为 PNP 型和 NPN 型两种,NPN 型称为 3DU 型硅光电三极管,PNP 型称为 3CU 型硅光电三极管。

9.1.5　光电池

光电池是一种利用光生伏特效应制成的无须加偏压就能将光能转化成电能的光电器件。

光电池实质是一个大面积 PN 结,其结构如图 9-6 所示。上电极为栅状受电极,栅状电极下涂有抗反射膜,用以增加透光,减小反射,下电极是一层衬底铝。当光照射 PN 结的一个面时,电子-空穴对迅速扩散,在结电场作用下建立一个与光照强度有关的电动势,一般可产生 0.2～0.6 V 电压,50 mA 电流。

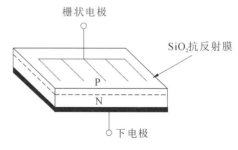

图 9-6　光电池的结构

9.2　光电式传感器的应用

9.2.1　模拟式光电传感器的应用

模拟式光电传感器基于光电元件的光电特性工作,其光通量随被测量变化而变化,光通量

的大小蕴含着被测信息。

照相机自动曝光电路是光敏电阻的典型应用,如图9-7所示。光敏电阻 R、开关 K 和电容 C_1 构成充电电路;时间检测电路、三极管 VT 构成放大电路。当按下开关 K 时,开始曝光,同时电流经过光敏电阻给电容充电,当电容电压达到一定的大小后,驱动放大电路使电磁铁 M 带动快门叶片,关闭快门。

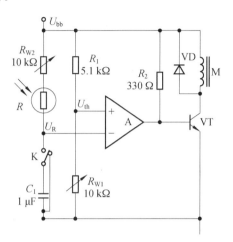

图 9-7 照相机自动曝光电路图

楼道等地方的照明灯一般根据环境光强决定是否开启,图9-8所示为一个照明灯光控电路图,由整流滤波电路、光敏电阻及继电器、触电开关组成,根据自然光的情况决定是否开灯。光线较暗时,光敏电阻阻值很高,继电器关闭,灯亮;光线较亮时,光敏电阻阻值降低,继电器工作,灯灭。

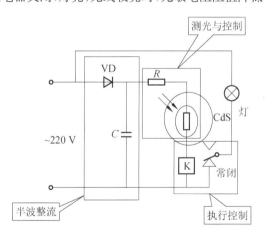

图 9-8 照明灯光控电路图

图 9-9 为光电池构成的光电跟踪电路图。用两只性能相似的同类光电池作为光电接收器件。当入射光通量相同时,执行机构按预定的方式工作或进行跟踪。当系统略有偏差时,电路输出差动信号带动执行机构进行纠正,以此达到跟踪的目的。

9.2.2 脉冲式光电传感器的应用

脉冲式光电传感器依据的原理是光电元件的输出仅有两种稳定状态,即"通""断"两种开

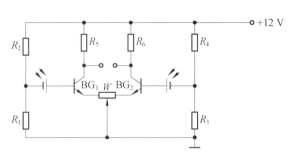

图9-9 光电跟踪电路图

关状态。这种用法对光电元件的灵敏度要求高,而对光电元件的线性度要求不高。常见应用主要有零件计数、光电报警、光电编码器等。

光电编码器是一种通过光电转换将输出轴上的机械几何位移量转换成脉冲或数字量的传感器,是应用最多的传感器。一般的光电编码器主要由光栅盘和光电探测装置组成。在与被测轴同心的码盘上刻制了按一定编码规则形成的遮光和透光部分的组合。

光电编码器的原理如图9-10所示。一边是发光二极管或白炽灯光源,另一边则是接收光线的光电器件。光栅盘随着被测轴的转动使得透过光栅盘的光束产生间断,通过光电器件的接收和电子线路的处理,产生特定电信号的输出,再经过数字处理可计算出位置和速度信息。在伺服系统中,由于光电码盘与电动机同轴,电动机旋转时,光栅盘与电动机同速旋转,经发光二极管等电子元件组成的检测装置检测输出若干脉冲信号。光电编码器每秒输出脉冲的个数就能反映当前电动机的转速。此外,为判断旋转方向,光栅盘还可提供相位相差90°的2个通道的光码输出,根据双通道光码的状态变化确定电动机的转向。

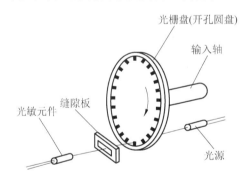

图9-10 光电编码器原理示意图

能力训练

9-1 试列举结型光电器件与光电导器件的区别。

9-2 光电编码器中,绝对式编码器和增量式编码器的区别是什么?

9-3 设计一个采用光电传感器的方案,对带式输送机上的产品计数。

课外拓展

光栅尺是一种精密测量器件,其工作原理是怎样的? 它是怎么应用于光电传感系统的?

第10章 固态图像传感器

学习目标

- 理解固态图像传感器的基本原理,能叙述图像传感器的工作过程
- 列举固态图像传感器的应用领域
- 应用固态图像传感器设计测量系统

实例导入

激光测径仪是一种高精度、非接触的尺寸测量仪器。它通过激光束的扫描和固态图像传感器的检测获得被测目标的尺寸;适合测量热的、软的、易碎的,以及其他传统方法不易测量的物体的尺寸;广泛用于生产中的在线测量,以及电线电缆、光纤、玻璃管、橡胶棒等各种线材、棒材、管材、机械电子元件的外径尺寸的测量。激光测径仪的工作原理是怎样的呢? 如何测量尺寸呢?

10.1 固态图像传感器的原理

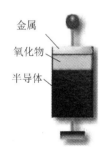

金属
氧化物
半导体

固态图像传感器是一种固态集成器件,其核心部分是电荷耦合元件(charge coupled device,CCD)。CCD 由以阵列形式排列在衬底材料上的金属-氧化物-半导体(metal-oxide-semiconductor,MOS)电容器组成。MOS 电容器的结构如图 10-1 所示。在 P 型半导体硅衬底上,生长一层很薄的 SiO_2 绝缘体,再蒸镀一层金属或高掺杂的多晶硅作为栅电极。衬底接地,栅电极外接电压。

图 10-1 MOS 电容器的结构

CCD 的工作过程包括四个过程,一是完成光电转换得到电子;二是收集光生电荷;三是光电转移,把收集的光生电荷转移到检测端;四是电荷的电量检测。CCD 的总体结构示意图如图 10-2 所示。

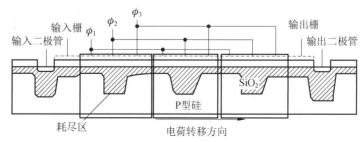

图 10-2 CCD 的总体结构示意图

1. 光生电荷

当光照射到 CCD 硅片上时,在栅电极附近的半导体内,光线作用将生电子-空穴对,如图 10-3 所示。

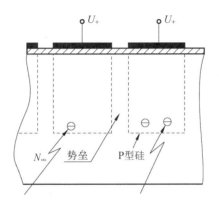

图 10-3　背面照射式光注入示意图

2. 电荷收集

产生光生电荷后,由于 MOS 的特殊结构,多数载流子被栅电极电压排斥,少数载流子则被收集在势阱中。图 10-4 所示为电压变化对耗尽区的影响。

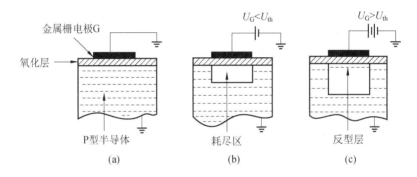

图 10-4　栅电极电压变化对耗尽区的影响

U_G 为零时,硅表面没有电场的作用,其多数载流子浓度与体内一样。硅本身呈电中性。P型半导体多数载流子为空穴。

当在栅电极加上 $U_G > 0$ 的小电压时,P 型衬底中的空穴从界面处被排斥到衬底的另一侧,在硅表面只留下一层不能移动的受主离子。这种状态称为多数载流子耗尽状态,形成图 10-4(b)中的充电区域,称为耗尽区。

正电压进一步增大,当 U_G 超过某一阈值 U_{th} 时,半导体体内的电子被吸引到半导体表面附近,形成一层极薄但电荷浓度很高的反型层。这种情况称为反型状态。反型层电荷的存在表明 MOS 结构具有存储电荷的功能。

CCD 曝光时,每个像元有一个电极处于高电位。硅片中这个电极下的电势将增大,成为光电子收集的地方,称为势阱。其附近的电极处于低电位,形成了势垒,并确定了这个像元的边界。像元水平方向上的边界由沟阻确定。

3. 电荷转移

电荷的转移过程如图 10-5 所示,三个控制栅电极若分别加不同的正向电压,就可以改变它们各自下方所对应的 MOS 的表面电势,从而使信号电荷由浅向深自动转移。由图可见,随着栅电极脉冲的变化,电荷沿着势阱依次耦合前进。

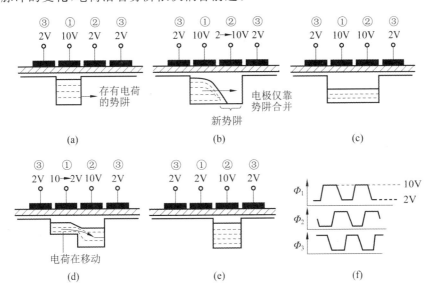

图 10-5　电荷的转移过程

4. 电荷的输出检测

目前 CCD 输出电荷信号主要利用电流输出方式。电荷检测电路由输出二极管反向偏置电路、源极输出放大器、复位场效应管组成,如图 10-6 所示。检测电路工作过程:① CCD 信号电荷向右转移到最后一级转移电极 CR_2;② CR_2 电压由高变低,势阱抬高,信号电荷通过输出栅 OG 下的势阱进入反向偏置的二极管中;③ 在输出二极管反向偏置电路中产生电流 I_D;④ 电流 I_D 使 A 点电位发生变化,检测 A 点电位,可得到注入输出二极管的电荷量。

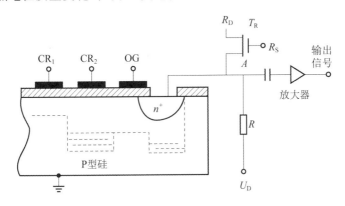

图 10-6　电荷检测电路

输出电流 I_D 与注入输出二极管中的电荷量 Q_S 成呈比例关系,Q_S 越大,I_D 越大,从而 A 点电位就越低。隔直电容只将 A 点的电位变化取出,然后通过放大器输出。复位场效应管 T_R

的作用是迅速排空检测二极管的深势阱中的剩余电荷,即对深势阱进行复位,从而避免前后两个电荷包重叠,为下一个信号电荷的检测做准备。在复位脉冲 R_S 作用下,T_R 导通,导通电阻远小于偏置电阻 R,检测二极管中的剩余电荷从这里流走,A 点恢复高电位。

10.2 固态图像传感器的器件结构

1.线阵 CCD 固态图像传感器

线阵 CCD 固态图像传感器由光敏区、转移栅、CCD 移位寄存器、偏置电荷电路、输出栅和信号读出(检测)电路等几部分组成。线阵 CCD 固态图像传感器有两种基本形式,即单沟道线阵 CCD 固态图像传感器和双沟道线阵 CCD 固态图像传感器。

单沟道线阵 CCD 固态图像传感器结构如图 10-7 所示。转移栅关闭时,光敏单元势阱收集光信号电荷,经过一定的积分时间,形成与空间分布的光强信号对应的信号电荷图像。积分周期结束时,转移栅打开,各光敏单元收集的信号电荷并行地转移到 CCD 移位寄存器的相应单元中。转移栅关闭后,光敏单元开始对下一行图像信号进行积分;而已转移到 CCD 移位寄存器内的上一行信号电荷,通过 CCD 移位寄存器串行输出。如此重复上述过程即可得到线图像。

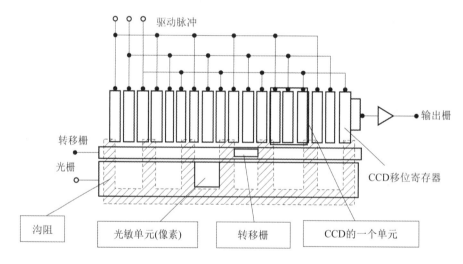

图 10-7 单沟道线阵 CCD 固态图像传感器结构示意图

在光敏阵列两侧各有一列 CCD 模拟移位寄存器和一个转移栅即构成了双沟道线阵 CCD 固态图像传感器,如图 10-8 所示。其优点是,同样的像素单元,双沟道比单沟道的转移时间缩短一半,因此转移效率提高。但它也有缺点,由于奇偶信号电荷分别通过两个 CCD 移位寄存器和两个输出放大器输出,因此输出的奇偶信号不均匀。

2.面阵 CCD 固态图像传感器

按照一定的方式将一维线阵 CCD 的光敏单元及移位寄存器排列成二维阵列,即可构成二维面阵 CCD。排列方式可以分为帧转移方式、隔列转移方式、线转移方式等,图 10-9 所示是 ICX098AK 芯片——一种面阵 CCD 固态图像传感器的结构。

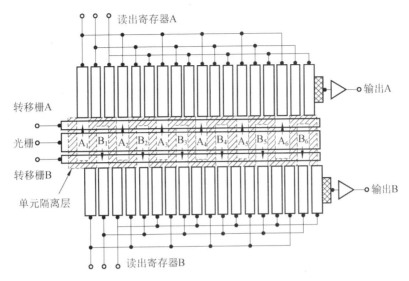

图 10-8　双沟道线阵 CCD 固态图像传感器结构示意图

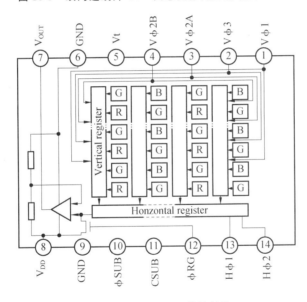

图 10-9　ICX098AK 芯片结构

10.3　固态图像传感器的应用

1.尺寸测量

固态图像传感器用于尺寸测量时可分为大尺寸测量和小尺寸测量。小尺寸测量指的是待测物体可与光电器件尺寸相比拟，比如钢珠直径、小轴承内外径、线缆直径等。图 10-10 所示为固态图像传感器在光电精密测径系统中的应用，为小尺寸测量。线阵 CCD 固态图像传感器中被物体遮住的和受到光照部分的光敏单元的输出有着显著区别，可以把它们的输出看成"0""1"信号。通过对输出为"0"的信号进行计数，即可测出物体的尺寸。

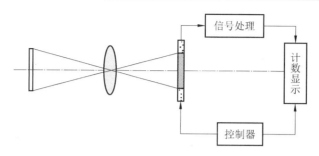

图 10-10　小尺寸测量

线阵 CCD 固态图像传感器可用于大尺寸测量,如图 10-11 所示的板材宽度测量就是一种大尺寸测量的典型案例。图中两个 CCD 传感器安装在板材的上方,板材侧边一部分处于传感器的视场内,依据几何光学方法可以分别测量出左右误差,根据传感器安装距离,即可计算出板材宽度。

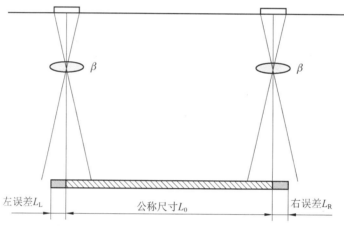

图 10-11　板材宽度测量

2.表面质量检测

机器视觉系统一般采用了光源、图像传感器、图像采集卡、计算机等,通过计算机上的图像处理软件分析识别表面质量缺陷,如图 10-12 所示。伤痕或污垢表现为工件表面的局部与其周围的固态图像传感器输出幅值具有差别。采用面阵固态图像传感器采样,利用计算机进行图像处理,可得到伤痕或污垢的大小。

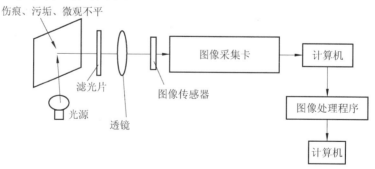

图 10-12　表面质量检测系统

能力训练

10-1　说明固态图像传感器的工作原理。

10-2　线阵固态图像传感器可以直接接收一维光信息,如何利用线阵固态图像传感器实现二维图像的输出?

课外拓展

客观的世界是三维的,而单个面阵 CCD 固态图像传感器所获得的图像是二维图像,缺乏客观世界的立体信息。三维成像技术是一种可以检测客观世界的三维图像,经过处理、压缩后进行记录和传输,最终通过三维显示技术再现或者通过 3D 打印技术再现的检测方法。试了解三维成像技术。

第 11 章　其他传感器

学习目标

- 理解光纤传感器、红外传感器、超声波传感器的工作原理
- 列举光纤传感器、红外传感器、超声波传感器的应用

实例导入

(1) 1966 年,高锟(Charles Kuen Kao)发表论文提出用石英制作玻璃丝(光纤),其损耗可达20 dB/km,可实现大容量的光纤通信。2000 年,利用"波分复用"WDM 技术,一根光纤传输速率达到 640 Gbit/s。2009 年高锟因发明光纤获得诺贝尔物理学奖。光纤除了可以用于光纤通信,具有很有优异的性能,还可以用作传感器,而且其用途十分广泛。

(2) 医用体温计的工作物质是水银。它底部的玻璃泡容积比上部细管的容积大得多。玻璃泡里的水银受到体温的影响,体积膨胀,使细管内水银柱上升。体温计的下部靠近液泡处的管颈是一个很狭窄的曲颈,水银可由颈部分上升到细管内某位置,当与体温达到热平衡时,水银柱恒定。当体温计离开人体后,外界气温较低,水银遇冷体积收缩,就在狭窄的曲颈部分断开,使已升入细管内的部分水银退不回来,仍保持水银柱在与人体接触时所达到的高度。

医用体温计有以下缺点:测温过程中完成热传导至少需要 5 分钟,测温慢;大多使用玻璃制作,玻璃易碎,可能导致有毒的水银挥发出来;不能进行数字化测温。红外测温仪是一种数字化测体温的仪器,其工作原理如何呢?

(3) 声呐是一种声学探测设备,用于对水下目标进行探测、定位,计算水深,测量水底地形地貌等。声呐探测的原理是怎样的呢?

11.1　光纤传感器

光导纤维简称光纤,是用可传导光的材料制作的传输光信号的通道。光纤除了作为光信号的传输通道外,也可用来做传感器,具有抗干扰性强、体积小、可弯曲、灵敏度高等优点,可测对象包括位移、温度、压力、速度、加速度等。

11.1.1　光纤传感器的组成与分类

1. 光纤结构

光纤结构如图 11-1 所示。它由纤芯、包层、涂层、护套组成。纤芯材料是二氧化硅,掺杂极微量的其他材料以提高材料的折射率。包层材料一般用纯净二氧化硅,折射率 n_2 一般小于

纤芯的折射率 n_1。包层外面有硅铜或丙烯酸盐涂层,以增加光纤的力学强度。光纤外层有尼龙护套,起保护作用。

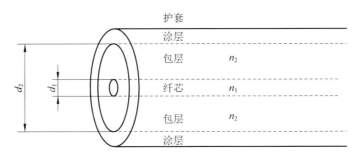

图 11-1　光纤结构

2.光纤传光原理

光在光纤里依靠光的全反射向前传播。如图 11-2 所示,光线以某角度入射至光纤端面,入射光与光纤轴心线夹角称为光纤端面的入射角 θ_0;光线进入光纤后入射到纤芯和包层之间的界面上,入射角为 φ_1。由于纤芯折射率 n_1 大于包层折射率 n_2,因此包层界面有一个产生全反射的临界角 φ_c,与其对应的光纤端面有一个端面临界入射角 θ_c,若端面入射角 $\theta_0 \leqslant \theta_c$,则光线进入光纤后,满足全反射条件,将在纤芯和包层界面不断产生全反射而向前传播。

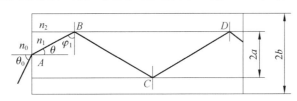

图 11-2　光纤传光的全反射原理

3.光纤传感器的工作原理及分类

光纤传感器由光源、入射光纤、出射光纤、光调制器、光探测器以及解调器组成。其基本原理是将光源的光经入射光纤送入调制区,光在调制区内与外界被测参数相互作用,光学性质(如强度、波长、频率、相位、偏正态等)发生变化而成为被调制的信号光,再经出射光纤送入光探测器、解调器而获得被测参数。

光纤传感器按传感原理可分为两类:一类是传光型(非功能型)光纤传感器,另一类是传感型(功能型)光纤传感器。在传光型光纤传感器中,光纤仅作为光的传输媒介,对被测信号的感觉是靠其他敏感元件来完成的,这种传感器中出射光纤和入射光纤是不连续的,二者之间的光调制器是光谱变化的敏感元件或其他性质的敏感元件。在传感型光纤传感器中,光纤兼有对被测信号的敏感及光信号的传输作用,将信号的"感"和"传"合二为一,因此这类传感器中光纤是连续的。

由于这两种传感器中光纤所起的作用不同,因此对光纤的要求也不同。在传光型光纤传感器中,光纤只起传光的作用,采用通信光纤甚至普通的多模光纤就能满足要求,而敏感元件可以很灵活地选用优质的材料来制作,因此这类传感器的灵敏度可以做得很高,但需要较多的光耦合器件,结构较复杂。传感型光纤传感器的结构相对来说比较简单,可少用一些光耦合器件,但对光纤的要求较高,往往需采用对被测信号敏感、传输特性又好的特殊光纤。到目前为止,实际中大多数采用前者,但随着光纤制造工艺的改进,传感型光纤传感器也必将得到广泛的应用。

按光在光纤中被调制的原理不同,光纤传感器的类型可分为强度调制型、相位调制型、偏振态调制型、频率调制型、波长调制型等。迄今为止,光纤传感器能够测定的物理量已达七十多种。

11.1.2 光纤传感器的应用

光纤传感器由于具有信息传输量大、抗干扰性强、灵敏度高等一系列优点,因此广泛地应用于位移、温度、压力、速度等参数的测量。

1.光纤位移传感器

图11-3所示是反射式光纤位移传感器示意图。来自光源的光束,经过光纤的传输,发射到被测目标时发生散射,由于入射光的散射强度随距离的变化而变化,则反射回光纤的光强发生变化,因此到达光敏元件的光强随探头到被测目标平面距离的变化而变化。这种传感器已被用于非接触式微小位移测量或表面粗糙度测量。

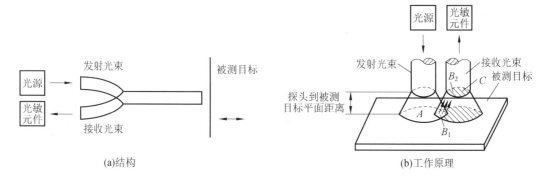

(a)结构　　　　　　　　　　　　　(b)工作原理

图 11-3　反射式光纤位移传感器示意图

2.光纤压力传感器

当光纤弯曲时,在光纤中传输的导行模会在弯曲点变为辐射模,损耗部分光功率,光功率的损耗值与待测压力具有一定关系,通过测量光功率可得到待测压力。工作原理:采用传感光纤与一根横截面为圆形的均匀细线绞合的办法使光纤产生一个预弯曲;光纤受力时,曲率会发生变化,从而使光纤的损耗值也发生变化,如图11-4所示。

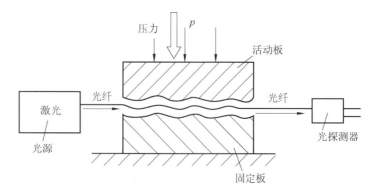

图 11-4　光纤压力传感器工作原理

11.2　红外传感器

将红外辐射能转换成电能的光敏元件称为红外传感器,也常称为红外探测器。红外传感器是利用物体产生红外辐射的特性实现自动检测的传感器。在物理学中,我们已经知道可见光、不可见光、红外线及无线电等都是电磁波,其中红外线又称红外光。任何物质,只要它本身具有一定的温度(高于绝对零度),都能辐射红外线。红外传感器测量时不与被测物体直接接触,因而不存在摩擦,并且有灵敏度高、响应快等优点。

红外辐射是由于物体(固体、液体和气体)内部分子的转动及振动而产生的。这类振动过程是物体受热引起的,只有在绝对零度时,一切物体的分子才会停止运动,因此,在一般的温度下,所有的物体都是红外辐射的发射源。红外线和所有的电磁波一样,具有反射、折射、散射、干涉及吸收等性质,但它的特点是热效应非常大。

可见光、不可见光、红外线及无线电等都是电磁波,它们之间的差别只是波长(或频率)不同而已。图 11-5 所示是将各种不同的电磁波按照波长(或频率)排成的波谱图,称为电磁波谱图。

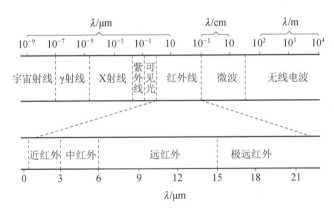

图 11-5　电磁波谱图

从图中可以看出,红外线属于不可见光的范畴,它的波长一般为 $0.76\sim600\ \mu m$(称为红外区)。而红外区通常又可分为近红外($0.73\sim1.5\ \mu m$)、中红外($1.5\sim10\ \mu m$)和远红外($10\ \mu m$ 以上)等,在 $300\ \mu m$ 以上的又称为"亚毫米波"。这里所说的远近指红外辐射在电磁波谱中与可见光的距离。

红外辐射基本规律如下。

① 金属对红外辐射衰减非常大,一般金属基本不能透过红外线。

② 气体对红外辐射也有不同程度的吸收。

③ 介质不均匀,晶体材料不纯洁、有杂质或悬浮小颗粒等都会引起对红外辐射的散射。

④ 实践证明,温度越低的物体辐射的红外线波长越长。由此在应用中根据需要有选择地接收某一定范围的波长,就可以达到测量的目的。

11.2.1　工作原理

红外传感器是将红外辐射转换成电能的一种传感器,按其工作原理可分为热传感器和光子传感器。

1. 热传感器

热传感器利用入射红外辐射引起传感器的温度变化,进而使相关物理参数发生相应的变化,通过测量有关物理参数的变化来确定红外传感器所吸收的红外辐射。热传感器的类型通常有热释电型、气动型、热敏电阻型、热电偶型。

1) 热释电型

某些晶体(如硫酸三甘肽、铌酸锶钡、钽酸锂等)是具有极化现象的铁电体,在适当外电场作用下,这种晶体可以转变成均匀极化的单畴。在红外辐射下,温度升高,引起极化强度下降,即表面电荷减少,这相当于释放一部分电荷,因此称为热释电效应。

热释电效应产生的电荷不是永存的,很快会与空气中的单个离子结合。因此,用热释电效应制成的红外传感器,往往在它的元件前面加机械式周期遮光装置,以使此电荷周期性地出现,或者用于测移动物体,可不断产生电荷。

在每个传感器内装入一个或两个探测元件,并将两个探测元件反极性串联,以抑制自身温度升高产生的干扰。探测元件将探测并接收到的红外辐射转变成微弱的电压信号,经装在探头内的场效应管放大后向外输出。为了提高传感器的探测灵敏度以增大探测距离,一般在传感器的前方装设一个菲涅尔透镜,该透镜用透明塑料制成,上、下两部分各分成若干等份,是一种具有特殊光学系统的透镜,它和放大电路相配合,可将信号放大 70 dB 以上,这样就可以测出 20 m 内人的行动。

菲涅尔透镜利用透镜的特殊光学原理,在传感器前方产生一个交替变化的"盲区"和"高灵敏区",以提高它的探测接收灵敏度。当有人从透镜前走过时,人体发出的红外线就不断地交替从"盲区"进入"高灵敏区",这样就使红外信号以忽强忽弱的脉冲形式输入,从而强化其能量幅度。

人体辐射的红外线中心波长为 9～10 μm,而探测元件的波长灵敏度在 0.2～20 μm 内几乎稳定不变。在传感器顶端开设了一个装有滤光镜片的窗口,这个滤光镜片可通过光的波长范围为 7～10 μm,正好适合于人体红外辐射的探测,而对其他波长的红外线予以吸收,这样便形成了一种专门用作探测人体辐射的红外传感器。

2) 气动型

气动型热传感器利用气体吸收红外辐射后温度升高、体积增大的特性,来反映红外辐射的强弱。

如图 11-6 所示,气动型热传感器有一个气室,以一个小管道与一块柔性薄片相连。薄片背向管道一面是反射镜,故称柔镜。气室的前面附有吸收膜,它是低热容量(保证将吸收的热能传给气体)的薄膜。红外辐射通过窗口入射到吸收膜上,吸收膜将吸收的热能传给气体,使气体温度升高、气压增大,从而使柔镜移动。在气室的另一边,一束可见光通过光栅聚焦在柔镜上,经柔镜反射回来的光栅图像又经过光栅投射到光电管上。

当柔镜因压力变化而移动时,光栅图像与光栅发生相对位移,使落到光电管上的光量发生改变,光电管的输出信号也发生改变。这个变化量就反映出入射红外辐射的强弱。这种传感器的特点是灵敏度高,性能稳定;但响应时间长,结构复杂,强度较差,只适合于实验室内使用。

3) 热敏电阻型

热敏电阻型热传感器由锰、镍、钴的氧化物混合后烧结而成。

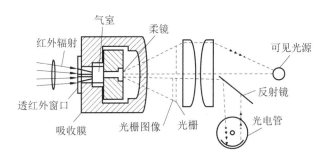

图 11-6　气动型热传感器

热敏电阻一般制成薄片状,当红外辐射照射在热敏电阻上时,其温度升高,内部粒子的无规律运动加剧,自由电子的数目随温度升高而增加,电阻减小。测量热敏电阻阻值变化的大小,即可得知入射红外辐射的强弱,从而可以判断产生红外辐射物体的温度。

4）热电偶型

热电偶是由热电功率差别较大的两种金属材料(如铋/银、铜/康铜、铋/铋锡合金等)构成的。

当红外辐射入射到热电偶回路的测温接触点上时,该接触点温度升高,而另一个没有被红外辐射辐照的接触点处于较低的温度,此时,在闭合回路中将产生温差电流,同时回路中产生温差电动势。温差电动势的大小,反映了接触点吸收红外辐射的强弱。

利用温差电动势现象制成的热传感器称为热电偶型热传感器,因其时间常数较大,响应时间较长,动态特性较差,调制频率应限制在 10 Hz 以下。在实际应用中,往往将几个热电偶串联起来组成热电堆来检测红外辐射的强弱。图 11-7 所示即为热电堆结构示意图。

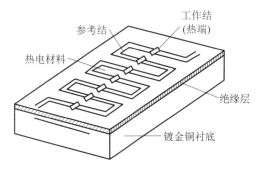

图 11-7　热电堆结构示意图

2. 光子传感器

光子传感器的基本原理是某些半导体材料在入射光的照射下,产生光子效应,使材料的电学性质发生变化。通过测量电学性质的变化,可以知道红外辐射的强弱。利用光子效应所制成的红外传感器,统称光子传感器。

光子传感器的主要特点是灵敏度高、响应速度快、具有较高的响应频率,但一般需在低温下工作,探测波段较窄。

红外光电传感器是采用光电元件作为检测元件的传感器。它首先把被测量的变化转换成光信号的变化,然后借助光电元件进一步将光信号转换成电信号。

11.2.2 红外传感器的应用

1. 红外测温仪

红外测温仪是利用热辐射体在红外波段的辐射通量来测量温度的。当物体的温度低于1000℃时,它向外辐射的不再是可见光而是红外光,可用红外探测器检测其温度。

红外测温一般采用全辐射测温法,测量物体所辐射出来的全波段辐射能量,以计算物体的温度。它是斯特藩-玻尔兹曼定律的应用,定律表达式为

$$W = \varepsilon \delta T^4$$

式中:W——物体的全波辐射出射度,单位面积所发射的辐射功率;

ε——物体表面的法向比辐射率;

δ——斯特藩-玻尔兹曼常数;

T——物体的绝对温度(K)。

一般物体的 ε 总是在 $0 \sim 1$ 之间,$\varepsilon = 1$ 的物体叫作绝对黑体。T 越大,物体的辐射功率就越大。图 11-8 所示为红外测温仪的原理示意图。

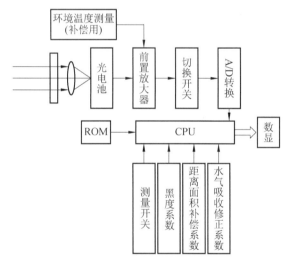

图 11-8　红外测温仪原理示意图

红外测温仪射出一束低功率的红色激光,自动汇集到被测物上(瞄准用),被测物发出的红外辐射能量就能准确地聚焦在红外测温仪内部的光电池上。

红外测温仪内部的 CPU 根据被测物表面黑度系数、距离面积补偿系数、水气吸收修正系数、环境温度,以及被测物辐射出来的红外光强度等诸多参数,计算出被测物体的表面温度。当被测物不是绝对黑体时,必须根据预先标定过的温度,输入光谱黑度修正系数。

2. 红外热像仪

许多场合下,不仅需要知道物体表面的平均温度,还需要了解物体的温度分布情况,以便分析、研究物体结构,探测物体内部情况,因此需要采用红外成像技术,将物体的温度分布以图像形式直观地表示出来。常用的红外成像器件有红外变像管、红外摄像管及红外电荷耦合器件,它们可以组成各种形式的红外热像仪。图 11-9 所示是热成像的原理。

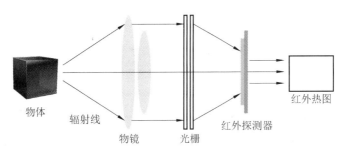

图 11-9 热成像的原理

热成像的光学系统为全折射式。物镜材料为单晶硅,通过更换物镜可对不同距离和大小的物体扫描成像。光学系统中垂直扫描和水平扫描均采用具有高折射率的多面平行棱镜,由电动机带动旋转,扫描速度和相位由扫描触发器、脉冲发生器和有关控制电路控制。

红外探测器输出的微弱信号送入前置放大器,以抵消目标温度随环境温度变化引起的测量误差。前置放大器的增益可通过调整反馈电路进行控制。前置放大器的输出信号,经视频放大器放大,再去控制显像屏上射线的强弱。由于红外探测器输出的信号大小与其所接收的辐照度成比例,因此显像屏上射线的强弱也与探测器所接收的辐照度成比例变化。

11.3 超声波传感器

超声波是频率大于 20 kHz 的声波,与电磁波不同,超声波是一种弹性机械波,可以在气体、液体和固体中传播,而且在不同的传播媒介中传播速度可能不同。理论上讲,在 13℃ 的海水里,声波的传播速度为 1300 m/s;在 25℃ 的空气中,声波传播速度的理论值为 344 m/s,而在 0℃ 时为 334 m/s。使用超声波传感器时,如果温度变化不大,则可认为声速是基本不变的;如果测量精度要求很高,则应通过温度补偿的方法加以校正。

11.3.1 工作原理

超声波的特点是频率高、波长短、方向性好、具有定向束射的能力。超声波在液体、固体中衰减很少,穿透能力强。在对光不透明的固体中,超声波能够穿透近 10 m 的固体材料。超声波在媒介分界面处会发生反射、透射和波形转换现象。

超声波一般利用压电材料的电致伸缩效应产生,即在压电材料切片上施加交变电压,使它产生电致伸缩振动,此振动传播到周围介质中形成超声波。

超声波的接收一般利用压电材料的正压电效应。超声波传播到压电材料上,使得压电材料发生伸缩变形,从而在某方向的两个表面上产生异号信号电荷。

11.3.2 超声波传感器的应用

1. 超声波测距

超声波测距一般采用渡越时间检测法:首先向目标方向发射一束超声波,超声波遇到被测物体后反射回来,接收器接收到超声波后,根据发射超声波和接收超声波的时间差判断距离。

已知声速为 c,若回波到达探头的时刻与发射脉冲的时间差为 t,则距离 $s = ct/2$。若发射

超声波的探头和接收超声波的探头为两个探头,如图 11-10 所示,则可通过下式计算传感器与被测物体之间的距离 d:

$$d = \sqrt{s^2 - \left(\frac{h}{2}\right)^2}$$

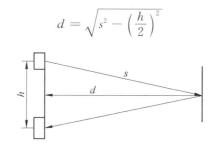

图 11-10 超声波测距原理示意图

回声探测仪的工作原理是利用换能器在水中发出声波,当声波遇到障碍物而反射回换能器时,根据声波往返的时间和所测水域中声波传播的速度,就可以求得障碍物与换能器之间的距离。图 11-11 所示为某公司的一款回声探测仪。

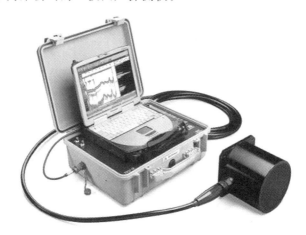

图 11-11 回声探测仪

2.超声波无损检测技术

无损检测,就是利用声、光、磁和电等的特性,在不损害或不影响被检对象使用性能的前提下,检测被检对象中是否存在缺陷或不均匀性,给出缺陷的大小、位置、性质和数量等信息,进而判定被检对象所处技术状态(如合格与否、使用寿命等)的技术手段。无损检测在产品加工制造、成品检验及使用的各阶段都有很大作用,特别是涉及生产安全的设备的状态检测,可以做到防患于未然,提高生产安全水平。

超声波无损检测技术是五大常规无损检测技术之一,通过使超声波与被检对象相互作用,就反射、透射和散射的波进行研究,对被检对象进行宏观缺陷检测、几何特性测量、组织结构和力学性能变化的检测和表征,进而对其特定应用性进行评价。超声波无损检测原理基于超声波在被检对象中的传播特性。步骤为:① 声源产生超声波,采用一定的方式使超声波进入被检对象;② 超声波在被检对象中传播并与被检对象材料以及其中的缺陷相互作用,其传播方向或特征改变;③ 检测设备接收改变后的超声波,并对其进行处理和分析;④ 根据接收的超声波的特征,评估被检对象本身及其内部是否存在缺陷及缺陷的特性。

超声波无损检测的优点：适用于金属、非金属和复合材料等多种物体的无损检测；穿透能力强，可对较大厚度范围内的物体内部缺陷进行检测，如对金属材料，可检测厚度为 $1\sim2$ mm 的薄壁管材和板材，也可检测几米长的钢锻件；缺陷定位准确；对面积型缺陷的检出率较高；具有较高的探伤灵敏度，可检测物体内部尺寸很小的缺陷；检测方法对人体及环境无害。

超声波无损检测的缺点：要求工作表面平滑，探头和被检对象之间需要耦合材料；超声探伤检验人员必须经过严格的培训才能工作，掌握丰富的经验才能辨别缺陷的种类和大小；缺陷尺寸较小时，或缺陷在传播方向的垂直面上的截面积较小时，反射回波较小，难以探测到缺陷。

图 11-12 所示为超声波探伤原理示意图。

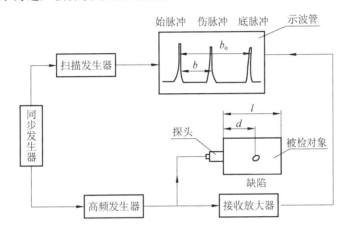

图 11-12　超声波探伤原理示意图

图 11-13 所示为某公司的一款超声波探伤仪。

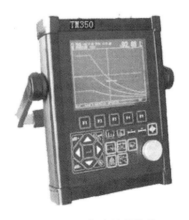

图 11-13　超声波探伤仪

能力训练

11-1　说明光纤传感器的原理。

11-2　说明红外传感器的工作原理及各种红外传感器的特点。

11-3　说明超声波传感器产生超声波、探测超声波的原理。

课外拓展

检测技术在工农业生产和生活中应用非常广泛,还有其他领域的先进技术在检测技术中得到应用,比如工业 CT 检测技术、激光测量技术、微波检测技术等,试着了解这些技术的应用。

第 12 章 信号分析与处理

> ### 学习目标
>
> - 掌握信号分类的基本方法和各种信号的特征
> - 掌握周期信号、非周期信号的时域和频域的描述方法
> - 建立明确的信号的频谱概念
> - 掌握滤波器的原理及应用
> - 掌握数字信号处理的基本方法

实例导入

如何从一段包含噪声的音频里面去除噪声？这里需要利用数字信号处理技术。同样，对遥远星球拍摄的照片也是采用数字方法处理，去除干扰，获得有用的信息。

12.1 概   述

从信息论的观点看，信息就是事物存在方式和运动状态的特征。在生产实践和科学研究中，经常要对许多客观存在的物体或物理过程进行观测，就是为了获取有关研究对象状态与运动等方面的信息。研究对象的信息量往往是非常丰富的，测试工作是按一定的目的和要求，获取感兴趣的、有限的某些特定信息，而不是全部信息。

工程测试信息总是通过某些物理量的形式表现出来，这些物理量就是信号。信号是信息的载体，信息则是信号所载的内容。信息与信号是互相联系的两个概念，但是信号不等于信息。例如一台机床在运行过程中，某一时间某一位置均会有热、声、振动等内部信息的外部表现，人们用测试仪器观测到的就是温度、声音、振动等变化的信号（数据形式或图像形式）。可以说，工程测试就是信号的获取、加工、处理、显示记录及分析的过程，因此深入地了解信号及其表述是工程测试的基础。

12.1.1 信号的概念和分类

信号从数学关系、取值特征、能量功率、处理分析等角度，可以分为确定性信号和非确定性信号、连续信号和离散信号、能量信号和功率信号、时域信号和频域信号等。

1. 确定性信号和非确定性信号

根据信号随时间的变化规律，信号可分为确定性信号和非确定性信号，其具体分类如下：

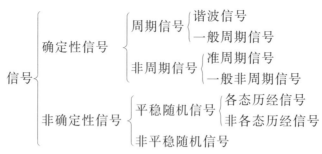

1) 确定性信号

能用明确的数学关系式或图像表达的信号称为确定性信号。

例如：单自由度的无阻尼弹簧-质量振动系统，如图 12-1(a)所示，其位移信号 $x(t)$ 可以写为

$$x(t) = A\cos\left(\sqrt{\frac{k}{m}}t + \varphi_0\right) \tag{12-1}$$

式中：A——振幅；

k——弹簧强度；

m——质量；

φ_0——初始相位。

图 12-1(b)所示为位移 $x(t)$ 随时间 t 的变化曲线。

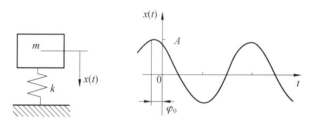

(a)无阻尼弹簧-质量振动系统示意图　　(b)位移随时间的变化曲线

图 12-1　无阻尼弹簧-质量振动系统

确定性信号可以分为周期信号和非周期信号。当信号按一定时间间隔周而复始重复出现时称为周期信号，否则称为非周期信号。周期信号可分为谐波信号和一般周期信号；非周期信号可分为准周期信号和一般非周期信号。

周期信号的数学表达式为

$$x(t) = x(t + nT_0) \quad n = \pm 1, \pm 2, \cdots \tag{12-2}$$

式中：T_0——周期，$T_0 = 2\pi/\omega_0 = 1/f_0$，其中 ω_0 为角频率，f_0 为频率。

式(12-2)表达的信号是周期信号，其角频率 $\omega_0 = \sqrt{k/m}$，周期 $T_0 = 2\pi/\omega_0 = 2\pi/\sqrt{k/m}$。这种频率单一的正弦或余弦信号称为谐波信号。周期信号的常用特征参数有均值、绝对均值、均方差值、均方根值(有效值)和均方值(平均功率)等。

一般周期信号(如周期方波、周期三角波等)是由多个乃至无穷个频率成分(频率不同的谐波分量)叠加所组成的，叠加后存在公共周期。

准周期信号也是由多个频率成分叠加的信号，但叠加后不存在公共周期。

一般非周期信号是在有限时间段存在，或随着时间的增加而幅值衰减至零的信号，又称为

瞬变信号。

当图 12-1 所示的振动系统有阻尼时,其位移信号 $x(t)$ 就是瞬变信号,其 $x(t)$-t 曲线为衰减的谐波。

2) 非确定性信号

非确定性信号又称为随机信号,是无法用明确的数学关系式表达的信号。如加工零件的尺寸、机械振动、环境的噪声等,这类信号需要采用数理统计理论来描述,无法准确预见某一瞬时的信号幅值。根据是否满足平稳随机过程的条件,随机信号又可以分成平稳随机信号和非平稳随机信号。

2. 连续信号和离散信号

根据时间信号的连续性,信号可分为连续信号和离散信号,其具体分类如下:

$$
信号
\begin{cases}
连续信号
\begin{cases}
模拟信号(信号的幅值与独立变量均连续) \\
一般连续信号(独立变量连续)
\end{cases} \\
离散信号
\begin{cases}
一般离散信号(独立变量离散) \\
数字信号(信号的幅值与独立变量均离散)
\end{cases}
\end{cases}
$$

若信号的独立变量取值连续,则是连续信号;若信号的独立变量取值离散,则是离散信号,如图 12-2 所示。信号幅值也可分为连续和离散两种,若信号的幅值和独立变量均连续,则称为模拟信号;若信号幅值和独立变量均离散,则称为数字信号。目前,数字计算机所使用的信号都是数字信号。

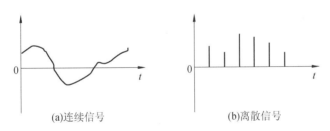

(a)连续信号 (b)离散信号

图 12-2 连续信号和离散信号

3. 能量信号和功率信号

在非电量测量中,常将被测信号转换为电压或电流信号来处理。显然,电压信号加在单位电阻($R=1$)上的瞬时功率为 $P(x)=x^2(t)/R=x^2(t)$。瞬时功率对时间积分则是信号在该时间内的增量。通常不考虑量纲,而直接把信号的平方及其对时间的积分分别称为信号的功率和能量。当 $x(t)$ 满足

$$\int_{-\infty}^{\infty} x^2(t)\mathrm{d}t < \infty \tag{12-3}$$

时,则信号的能量有限,称为能量有限信号,简称能量信号,如各类瞬变信号。满足能量有限条件,实际上就满足了绝对可积条件。

若 $x(t)$ 在区间 $(-\infty,\infty)$ 内的能量无限,不满足式(12-3)的条件,但在有限区间 $(-T/2,T/2)$ 内满足平均功率有限的条件:

$$\lim_{T\to\infty} \frac{1}{T}\int_{-T/2}^{T/2} x^2(t)\mathrm{d}t < \infty \tag{12-4}$$

则称为功率信号,如各种周期信号、常值信号、阶跃信号等。

4. 时域信号和频域信号

根据描述信号的自变量不同，信号可分为时域信号和频域信号。时域信号描述信号的幅值随时间的变化规律。频域信号是以频率为自变量，描述信号中所含频率成分的幅值与所对应频率的关系。频域描述是以频率为横坐标的各种物理量的变化曲线，如幅值谱、相位谱、功率谱和谱密度等。

时域描述和频域描述为从不同的角度观察、分析信号提供了方便。运用傅里叶级数、傅里叶变换及其逆变换，可以方便地实现信号在时域与频域的转换。

12.1.2 信号的描述方法

直接检测或记录到的信号一般是随时间变化的物理量，称为信号的时域描述。这种以时间作为独立变量的方式能反映信号幅值变化与时间变化的关系，而不能揭示信号的频率结构特征。为了更加全面深入地研究信号，从中获得更多有用的信息，常把信号的时域描述变换为信号的频域描述，也就是所谓信号的频谱分析。信号的时域描述、频域描述是可以相互转换的，而且包含同样的信息量。一般将从时域数字表达式转换为频域表达式称为频谱分析，相对应的图形分别称为时域图和频域图。以频率（ω 或 f）为横坐标、幅值或相位为纵坐标的图形，分别称为幅频谱图或相频谱图。本章将对周期信号、非周期信号和随机信号从时域和频域两方面进行描述和分析。

12.2 周期信号及其频谱

12.2.1 周期信号的描述

谐波信号是最简单的周期信号，只有一种频率成分。一般周期信号可以利用傅里叶级数展开成多个乃至无穷个不同频率的谐波信号的线性叠加。

12.2.2 傅里叶级数的三角函数展开式

满足狄里赫利条件（函数在 $(-T_0/2, T_0/2)$ 区间内连续或只有有限个第一类间断点，且只有有限个极限点）的周期信号，均可展开成

$$x(t) = a_0 + \sum_{n=1}^{\infty} (a_n \cos n\omega_0 t + b_n \sin n\omega_0 t) \qquad (12\text{-}5)$$

式中常值分量 a_0、余弦分量幅值 a_n、正弦分量幅值 b_n 分别为

$$a_0 = \frac{1}{T_0} \int_{-T_0/2}^{T_0/2} x(t)\,\mathrm{d}t$$

$$a_n = \frac{2}{T_0} \int_{-T_0/2}^{T_0/2} x(t)\cos n\omega_0 t\,\mathrm{d}t$$

$$b_n = \frac{2}{T_0} \int_{-T_0/2}^{T_0/2} x(t)\sin n\omega_0 t\,\mathrm{d}t \qquad (12\text{-}6)$$

式中：a_0、a_n、b_n——傅里叶系数；

T_0——信号的周期，也是信号基波成分的周期；

ω_0——信号的基频，$\omega_0 = 2\pi/T_0$；

$n\omega_0$——n 次谐频。

顺便说明：如果用$-n$代替式(12-6)中的n，可知 a_n 为 n 的偶函数，b_n 为 n 的奇函数。

由三角函数变换，式(12-5)可写为

$$x(t) = A_0 + \sum_{n=1}^{\infty} A_n \sin(n\omega_0 t + \varphi_n) \tag{12-7}$$

式中：A_0——常值分量，$A_0 = a_0$；

A_n——各谐波分量的幅值，$A_n = \sqrt{a_n^2 + b_n^2}$；

φ_n——各谐波分量的初相角，$\varphi_n = \arctan \dfrac{a_n}{b_n}$。

式(12-7)表明，任何周期信号若能满足狄里赫利条件，就可以分解成一个常值分量和多个呈谐波关系的正弦成分。以 ω 为横坐标，以 A_n 或 φ_n 为纵坐标所作的图为频谱图。A_n-ω 图为幅频谱，φ_n-ω 图为相频谱。

由于 n 是整数序列，相邻频率的间隔 $\Delta\omega = \omega_0 = 2\pi/T_0$，即各频率成分都是 ω_0 的整数倍，因此谱线是离散的。$n=1$ 时的谐波称为基波，ω_0 称为基频，n 次倍频成分 $A_n \sin(n\omega_0 t + \varphi_n)$ 称为 n 次谐波。频谱中的每一根谱线对应其中一种谐波，频谱比较形象地反映了周期信号的频率结构及其特征。

例 12-1 求周期方波谱，并作出频谱图。

解 $x(t)$ 在一个周期内可表示为

$$x(t) = \begin{cases} A\left(0 \leqslant t \leqslant \dfrac{T_0}{2}\right) \\ -A\left(-\dfrac{T_0}{2} \leqslant t \leqslant 0\right) \end{cases} \tag{12-8}$$

因为函数 $x(t)$ 是奇函数，奇函数在一周期内的积分值为 0，所以

$$a_0 = 0, a_n = 0$$

$$\begin{aligned} b_n &= \frac{2}{T_0} \int_{-T_0/2}^{T_0/2} x(t) \sin n\omega_0 t \, \mathrm{d}t \\ &= \frac{2}{T_0} \left[\int_{-T_0/2}^{0} (-A) \sin n\omega_0 t \, \mathrm{d}t + \int_{0}^{T_0/2} A \sin n\omega_0 t \, \mathrm{d}t \right] \\ &= \frac{2A}{T_0} \left[\frac{\cos n\omega_0 t}{n\omega_0} \bigg|_{-T_0/2}^{0} + \frac{-\cos n\omega_0 t}{n\omega_0} \bigg|_{0}^{T_0/2} \right] \\ &= \frac{2A}{n\omega_0 T_0} \left[1 - \cos(-n\omega_0 T_0/2) - \cos(n\omega_0 T_0/2) + 1 \right] \\ &= \frac{4A}{n\omega_0 T_0} \left[1 - \cos(n\omega_0 T_0/2) \right] \\ &= \begin{cases} \dfrac{4A}{n\pi} & (n = 1, 3, 5, \cdots) \\ 0 & (n = 2, 4, 6, \cdots) \end{cases} \end{aligned}$$

因此，有

$$x(t) = \frac{4A}{\pi} \left(\sin \omega_0 t + \frac{1}{3} \sin 3\omega_0 t + \frac{1}{5} \sin 5\omega_0 t + \cdots \right) \tag{12-9}$$

幅频谱和相频谱如图 12-3 所示。幅频谱只包含基波和奇次谐波的频率,且谐波幅值以 $1/n$ 的规律收敛;相频谱中各次谐波的初相位 φ_n 均为零。

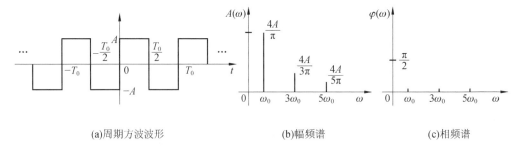

(a)周期方波波形　　　　　　(b)幅频谱　　　　　　(c)相频谱

图 12-3　周期方波的幅频谱和相频谱

图 12-4 所示为周期方波的时域描述、频域描述二者间的关系图,采用波形分解方式形象地说明了周期方波的时域描述和频域描述及其相互关系。

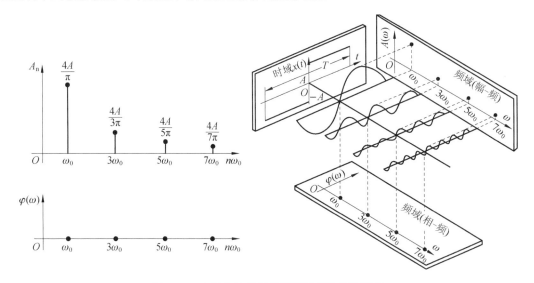

图 12-4　周期方波信号的时域描述和频域描述

12.2.3　傅里叶级数的复指数形式

利用欧拉公式:

$$\left.\begin{array}{l} \mathrm{e}^{\pm\mathrm{j}n\omega_0 t} = \cos n\omega_0 t \pm \mathrm{j}\sin n\omega_0 t \\[2mm] \cos n\omega_0 t = \dfrac{1}{2}(\mathrm{e}^{-\mathrm{j}n\omega_0 t} + \mathrm{e}^{\mathrm{j}n\omega_0 t}) \\[2mm] \sin n\omega_0 t = \dfrac{1}{2}(\mathrm{e}^{-\mathrm{j}n\omega_0 t} - \mathrm{e}^{\mathrm{j}n\omega_0 t}) \end{array}\right\} \tag{12-10}$$

将式(12-5)改写为

$$x(t) = a_0 + \sum_{n=1}^{\infty}\left[\frac{1}{2}(a_n + \mathrm{j}b_n)\mathrm{e}^{-\mathrm{j}n\omega_0 t} + \frac{1}{2}(a_n - \mathrm{j}b_n)\mathrm{e}^{\mathrm{j}n\omega_0 t}\right] \tag{12-11}$$

式中:$\mathrm{j} = \sqrt{-1}$。

若令

$$C_0 = a_0$$

$$C_{-n} = \frac{1}{2}(a_n + jb_n)$$

$$C_n = \frac{1}{2}(a_n - jb_n)$$

则式(12-11)可写为

$$x(t) = C_0 + \sum_{n=1}^{\infty}(C_{-n}e^{-jn\omega_0 t} + C_n e^{jn\omega_0 t})$$

即

$$x(t) = \sum_{n=-\infty}^{\infty} C_n e^{-jn\omega_0 t} \quad (n = 0, \pm 1, \pm 2, \cdots) \tag{12-12}$$

式中

$$C_n = \frac{1}{T_0}\int_{-T_0/2}^{T_0/2} x(t)e^{-jn\omega_0 t}dt \quad (n = 0, \pm 1, \pm 2, \cdots)$$

一般情况下 C_n 是复数,可以按实频谱和虚频谱形式,或幅频谱和相频谱形式写成

$$C_n = \mathrm{Re}C_n + j\mathrm{Im}C_n = |C_n|e^{j\varphi_n} \tag{12-13}$$

式中:$\mathrm{Re}C_n$、$\mathrm{Im}C_n$——实频谱、虚频谱;

$\quad\quad |C_n|$、φ_n——幅频谱、相频谱。

两种形式的关系为

$$|C_n| = \sqrt{(\mathrm{Re}C_n)^2 + (\mathrm{Im}C_n)^2} \tag{12-14}$$

$$\varphi_n = \arctan\frac{\mathrm{Im}C_n}{\mathrm{Re}C_n} \tag{12-15}$$

例 12-2　如图 12-3 所示的周期方波,以复指数展开形式求频谱,并作频谱图。

解
$$C_n = \frac{1}{T_0}\int_{-T_0/2}^{T_0/2} x(t)e^{-jn\omega_0 t}dt$$

$$= \frac{1}{T_0}\int_{-T_0/2}^{T_0/2} x(t)(\cos n\omega_0 t - j\sin n\omega_0 t)dt$$

$$= \begin{cases} -j\dfrac{2A}{\pi n} & (n = \pm 1, \pm 3, \pm 5, \cdots) \\[2mm] 0 & (n = 0, \pm 2, \pm 4, \pm 6, \cdots) \end{cases}$$

$$x(t) = -j\frac{2A}{\pi}\sum_{n=-\infty}^{\infty}\frac{1}{n}e^{jn\omega_0 t} \quad\quad (n = \pm 1, \pm 3, \cdots)$$

幅频谱
$$|C_n| = \begin{cases} \dfrac{2A}{\pi n} & (n = \pm 1, \pm 3, \pm 5, \cdots) \\[2mm] 0 & (n = \pm 2, \pm 4, \pm 6, \cdots) \end{cases}$$

相频谱
$$\varphi_n = \arctan\frac{-\dfrac{2A}{\pi n}}{0} = \begin{cases} -\dfrac{\pi}{2} & (n > 0) \\[3mm] \dfrac{\pi}{2} & (n < 0) \end{cases}$$

实频谱
$$\mathrm{Re}C_n = 0$$

虚频谱 $$\mathrm{Im}C_n = -\frac{2A}{n\pi}$$

其三角函数展开形式的频谱是单边谱(ω 从 0 到 ∞),复指数展开形式的频谱是双边谱(ω 从 $-\infty$ 到 ∞),两种幅频谱的关系为

$$|C_0| = A_0 = a_0$$

$$|C_n| = \frac{1}{2}\sqrt{a_n^2 + b_n^2} = \frac{A_n}{2}$$

C_n 与 C_{-n} 共轭,即 $C_n = C_{-n}^*$,且 $\varphi_{-n} = -\varphi_n$,双边幅频谱为偶函数,双边相频谱为奇函数。

周期信号的频谱,无论是用三角函数展开式还是用复指数函数展开式求得,其特点如下:

① 周期信号的频谱是离散的,每条谱线表示一个谐波分量;

② 每条谱线只出现在基频整数倍的频率上;

③ 各频率分量的谱线高度与对应谐波的振幅成正比,谐波幅值总的变化趋势是随谐波次数的增大而减小。

12.3 非周期信号及其频谱

12.3.1 傅里叶变换与非周期信号的频谱

从信号合成的角度看,频率之比为有理数的多个谐波分量,其叠加后由于有公共周期,所以为周期信号。当信号中各个频率比不是有理数时,则信号叠加后是准周期信号。如 $x(t) = \cos\omega_0 t + \cos\sqrt{3}\omega_0 t$,其频率比为 $1/\sqrt{3}$,不是有理数,合成后没有频率的公约数,没有公共周期。不过由于这类信号频谱仍具有离散性(在 ω_0 与 $\sqrt{3}\omega_0$ 处分别有两条谱线),故称之为准周期信号。在工程实践中,准周期信号还是十分常见的,如两个或多个彼此无关联的振源激励同一个被测对象时的振动响应,就属于此类信号。

一般非周期信号指瞬变信号。图 12-5 所示为瞬变信号的一个例子,其特点是函数沿独立变量时间 t 衰减,因而积分存在有限值,属于能量有限信号。

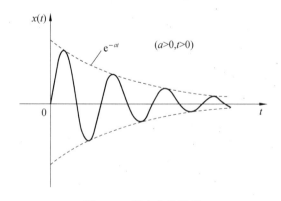

图 12-5 瞬变信号举例

非周期信号可以看成由周期 T_0 趋于无穷大的周期信号转化而来的。当周期 T_0 增大时,区间从 $(-T_0/2, T_0/2)$ 趋于 $(-\infty, \infty)$,频谱的频率间隔 $\Delta\omega = \omega_0 = 2\pi/T_0$,趋于 $\mathrm{d}\omega$,离散的 $n\omega_0$

变为连续的 ω，展开式的叠加关系变为积分关系。则式(12-12)可以改写为：

$$
\begin{aligned}
\lim_{T_0 \to \infty} x(t) &= \lim_{T_0 \to \infty} \sum_{n=-\infty}^{\infty} C_n e^{jn\omega_0 t} \\
&= \lim_{T_0 \to \infty} \frac{1}{T_0} \sum_{n=-\infty}^{\infty} \left[\int_{-T_0/2}^{T_0/2} x(t) e^{-jn\omega_0 t} \, dt \right] e^{jn\omega_0 t} \\
&= \int_{-\infty}^{\infty} \frac{d\omega}{2\pi} \left[\int_{-\infty}^{\infty} x(t) e^{-j\omega t} \, dt \right] e^{j\omega t} \\
&= \frac{1}{2\pi} \int_{-\infty}^{\infty} \left[\int_{-\infty}^{\infty} x(t) e^{-j\omega t} \, dt \right] e^{j\omega t} \, d\omega
\end{aligned}
\tag{12-16}
$$

在数学上，式(12-16)称为傅里叶积分。严格地说，非周期信号 $x(t)$ 傅里叶积分存在的条件是：

① $x(t)$ 在有限区间上满足狄里赫利条件；

② 积分 $\int_{-\infty}^{\infty} |x(t)| \, dt$ 收敛，即 $x(t)$ 绝对可积。

式(12-16)括号内对时间 t 积分之后，仅是角频率 ω 的函数，记作 $X(\omega)$，则

$$
X(\omega) = \int_{-\infty}^{\infty} x(t) e^{-j\omega t} \, dt
\tag{12-17}
$$

$$
x(t) = \frac{1}{2\pi} \int_{-\infty}^{\infty} X(\omega) e^{j\omega t} \, d\omega
\tag{12-18}
$$

式(12-17)表达的 $X(\omega)$ 称为 $x(t)$ 的傅里叶变换(FT)，式(12-18)中的 $x(t)$ 称为 $X(\omega)$ 的傅里叶逆变换(IFT)，二者互为傅里叶变换对。当以 $\omega = 2\pi f$ 代入式(12-17)和式(12-18)后，公式简化为

$$
X(f) = \int_{-\infty}^{\infty} x(t) e^{-j2\pi f t} \, dt
\tag{12-19}
$$

$$
x(t) = \int_{-\infty}^{\infty} X(f) e^{j2\pi f t} \, df
\tag{12-20}
$$

以上 4 个傅里叶变换的重要公式可用符号简记为

$$
\begin{cases} x(t) = \mathscr{F}^{-1}[X(\omega)] \\ X(\omega) = \mathscr{F}[x(t)] \end{cases}, \qquad
\begin{cases} x(t) = \mathscr{F}^{-1}[X(f)] \\ X(f) = \mathscr{F}[x(t)] \end{cases}
$$

有时，时域、频域图中也常用"$\Leftrightarrow$"表示傅里叶变换的对应关系：

$$
x(t) \Leftrightarrow X(\omega), \qquad x(t) \Leftrightarrow X(f)
$$

$X(f)$ 一般是频率 f 的复变函数，可以用实频谱、虚频谱形式和幅频谱、相频谱形式写为

$$
X(f) = \mathrm{Re}X(f) + j\mathrm{Im}X(f) = |X(f)| e^{j\varphi(f)}
\tag{12-21}
$$

两种形式之间的关系为

$$
|X(f)| = \sqrt{[\mathrm{Re}X(f)]^2 + [\mathrm{Im}X(f)]^2}
\tag{12-22}
$$

$$
\varphi(f) = \arctan \frac{\mathrm{Im}X(f)}{\mathrm{Re}X(f)}
\tag{12-23}
$$

需要指出，尽管非周期信号的幅频谱 $|X(f)|$ 和周期信号的幅频谱 $|C_n|$ 很相似，但是两者量纲不同。$|C_n|$ 为信号幅值的量纲，而 $|X(f)|$ 为信号单位频宽上的幅值。所以确切地说，$X(f)$ 是频谱密度函数。工程测试中为方便起见，仍称 $X(f)$ 为频谱。一般非周期信号的频谱具有连续性和衰减性等特性。

例 12-3 如图 12-6 所示为矩形窗函数 $w_R(t)$，求其频谱，并作频谱图。

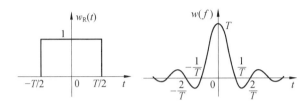

图 12-6 矩形窗函数及其频谱

解 矩形窗函数 $w_R(t)$ 的定义为

$$w_R(t) = \begin{cases} 1 & (|t| \leqslant T/2) \\ 0 & (|t| > T/2) \end{cases}$$

根据傅里叶变换的定义，其频谱为

$$W_R(f) = \int_{-\infty}^{\infty} w_R(t) e^{-j2\pi ft} dt = \int_{-T/2}^{T/2} e^{-j2\pi ft} dt$$

$$= \frac{1}{-j2\pi f}(e^{-j2\pi ft} - e^{j2\pi ft})$$

$$= T \frac{\sin(\pi fT)}{\pi fT}$$

$$= T \mathrm{sinc}(\pi fT)$$

这里定义了 sinc 函数：

$$\mathrm{sinc}(x) = \frac{\sin x}{x} \tag{12-24}$$

该函数是以 2π 为周期，并随 x 增加而衰减的振荡函数，在 $x = n\pi (n = \pm 1, \pm 2, \pm 3, \cdots)$ 时，函数幅值为零。

12.3.2 傅里叶变换的性质

傅里叶变换是信号分析与处理中时域与频域之间转换的基本数字工具。掌握傅里叶变换的主要性质，有助于了解信号在某一域中变化时在另一域中相应的变化规律，从而使复杂信号的计算分析得以简化。表 12-1 中列出了傅里叶变换的主要性质。

表 12-1 傅里叶变换的主要性质

性质	时域	频域	性质	时域	频域
函数的奇偶虚实性	实偶函数	实偶函数	频移性	$x(t)e^{\pm j2\pi f_0 t}$	$X(f \pm f_0)$
	实奇函数	虚奇函数	翻转性	$x(-t)$	$X(-f)$
	虚偶函数	虚偶函数	共轭性	$x^*(t)$	$X^*(-f)$
	虚奇函数	实奇函数	时域卷积性	$x_1(t) * x_2(t)$	$X_1(f)X_2(f)$
线性叠加性	$ax(t) + by(t)$	$aX(f) + bY(f)$	频域卷积性	$x_1(t)x_2(t)$	$X_1(f) * X_2(f)$
对称性	$X(\pm t)$	$x(\pm f)$	时域微分性	$\dfrac{d^n x(t)}{dt^n}$	$(j2\pi f)^n X(f)$
尺度改变性	$x(kt)$	$\dfrac{1}{k} X\left(\dfrac{f}{k}\right)$	频域微分性	$(-j2\pi t)^n x(t)$	$\dfrac{d^n X(f)}{df^n}$
时移性	$x(t \pm t_0)$	$X(f)e^{\pm j2\pi ft_0}$	积分性	$\int_{-\infty}^{t} x(t) dt$	$\dfrac{1}{j2\pi f} X(f)$

以下对部分主要性质进行必要证明和解释。

1. 奇偶虚实性

函数 $x(t)$ 的傅里叶变换 $X(f)$ 为实变量 f 的复变函数，即

$$
\begin{aligned}
X(f) &= \int_{-\infty}^{\infty} x(t) \mathrm{e}^{-\mathrm{j}2\pi ft} \mathrm{d}t \\
&= \int_{-\infty}^{\infty} x(t)\cos(2\pi ft)\mathrm{d}t - \mathrm{j}\int_{-\infty}^{\infty} x(t)\sin(2\pi ft)\mathrm{d}t \\
&= \mathrm{Re}X(f) + \mathrm{j}\mathrm{Im}X(f)
\end{aligned}
\tag{12-25}
$$

其实部为变量 f 的偶函数，虚部为变量 f 的奇函数，即

$$
\mathrm{Re}X(f) = \mathrm{Re}X(-f) \qquad \mathrm{Im}X(f) = -\mathrm{Im}X(-f)
$$

若 $x(t)$ 为实偶函数，则 $\mathrm{Im}X(f)=0$，$X(f)=\mathrm{Re}X(f)$ 为实偶函数；若 $x(t)$ 为实奇函数，则 $\mathrm{Re}X(f)=0$，$X(f)=\mathrm{Im}X(f)$ 为虚奇函数。

如果 $x(t)$ 为虚函数，则以上结论的虚实位置互换。

2. 线性叠加性

若 a、b 为常数，则

$$
\begin{aligned}
\mathscr{F}[ax(t)+by(t)] &= \int_{-\infty}^{\infty} [ax(t)+by(t)]\mathrm{e}^{-\mathrm{j}2\pi ft}\mathrm{d}t \\
&= a\int_{-\infty}^{\infty} x(t)\mathrm{e}^{-\mathrm{j}2\pi ft}\mathrm{d}t + b\int_{-\infty}^{\infty} y(t)\mathrm{e}^{-\mathrm{j}2\pi ft}\mathrm{d}t \\
&= aX(f) + bY(f)
\end{aligned}
\tag{12-26}
$$

即两函数线性叠加的傅里叶变换可以写为两函数傅里叶变换的线性叠加。

进一步可以推广写为：

$$
\sum_{i=1}^{n} a_i x_i(t) \Leftrightarrow \sum_{i=1}^{n} a_i X_i(f)
\tag{12-27}
$$

这个性质表明，对复杂信号的频谱分析处理，可以分解为对一系列简单信号的频谱分析处理。

3. 对称性

由于

$$
x(t) = \int_{-\infty}^{\infty} X(f)\mathrm{e}^{\mathrm{j}2\pi ft}\mathrm{d}f
$$

若以 $-t$ 代替 t，有

$$
x(-t) = \int_{-\infty}^{\infty} X(f)\mathrm{e}^{-\mathrm{j}2\pi ft}\mathrm{d}f
$$

再将 t 与 f 互换，则有

$$
x(-f) = \int_{-\infty}^{\infty} X(t)\mathrm{e}^{-\mathrm{j}2\pi ft}\mathrm{d}t = \mathscr{F}[X(t)]
\tag{12-28}
$$

该性质表明傅里叶变换与傅里叶逆变换之间存在对称关系，利用这一性质，可由已知的傅里叶变换对获得逆向相应的变换对。

4. 尺度改变性

若 k 为大于零的常数，则

$$F[x(kt)] = \int_{-\infty}^{\infty} x(kt) e^{-j2\pi ft} dt$$

$$= \frac{1}{k} \int_{-\infty}^{\infty} x(kt) e^{-j2\pi \frac{f}{k}(kt)} d(kt) \qquad (12\text{-}29)$$

$$= \frac{1}{k} X\left(\frac{f}{k}\right)$$

这个性质说明,当时域尺度压缩($k>1$)时,对应的频域展宽且幅值减小;当时域尺度展宽($k<1$)时,对应的频域压缩且幅值增大,如图 12-7 所示。

工程测试中用磁带来记录的信号,当慢录快放时,时间尺度被压缩,可以提高处理信号的效率,但重放的信号频带会展宽,倘若后续处理信号设备的通频带不够宽,将导致失真。反之,快录慢放时,时间尺度被扩展,重放的信号频带会变窄,对后续处理设备的通频带要求可降低,但这是以牺牲信号处理的效率为代价的。

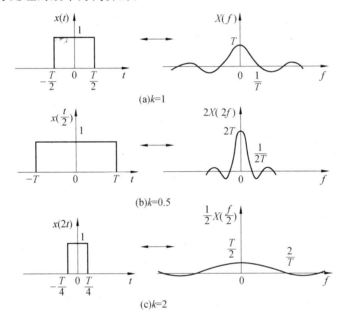

图 12-7 尺度改变性示意图

5. 时移性

若 t_0 为常数,则

$$\mathscr{F}[x(t \pm t_0)] = \int_{-\infty}^{\infty} x(t \pm t_0) e^{-j2\pi ft} dt$$

$$= \int_{-\infty}^{\infty} x(t \pm t_0) e^{-j2\pi f(t \pm t_0)} e^{\pm j2\pi ft_0} d(t \pm t_0) \qquad (12\text{-}30)$$

$$= X(f) e^{\pm j2\pi ft_0}$$

此性质表明,在时域中信号沿时间轴平移一个常值 t_0 时,对应的频谱函数将乘以因子 $e^{\pm j2\pi ft_0}$,即只改变相频谱,不会改变幅频谱,如图 12-8 所示。

6. 频移性

若 f_0 为常数,则

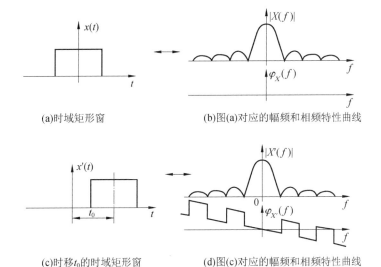

(a)时域矩形窗　　　　　　　　(b)图(a)对应的幅频和相频特性曲线

(c)时移t_0的时域矩形窗　　　　(d)图(c)对应的幅频和相频特性曲线

图 12-8　时移性示意图

$$\mathscr{F}\big[X(f\pm f_0)\big]=\int_{-\infty}^{\infty}X(f\pm f_0)e^{j2\pi ft}\,df$$

$$=\int_{-\infty}^{\infty}X(f\pm f_0)e^{j2\pi(f\pm f_0)t}e^{\pm j2\pi f_0 t}\,df \tag{12-31}$$

$$=x(t)e^{\pm j2\pi f_0 t}$$

此性质表明，若频谱沿频率轴平移一个常值 f_0，对应的时域函数将乘以因子 $e^{\pm j2\pi f_0 t}$。

7. 微分性

若对傅里叶逆变换 $x(t)=\displaystyle\int_{-\infty}^{\infty}X(f)e^{j2\pi ft}\,df$ 直接进行微分，有

$$\frac{dx(t)}{dt}=\int_{-\infty}^{\infty}\frac{d\big[X(f)e^{j2\pi ft}\big]}{dt}\,df$$

$$=\int_{-\infty}^{\infty}j2\pi fX(f)e^{j2\pi ft}\,df$$

$$=\mathscr{F}^{-1}\big[j2\pi fX(f)\big]$$

$$\mathscr{F}\Big[\frac{dx(t)}{dt}\Big]=j2\pi fX(f)$$

对于高阶微分，可得

$$\mathscr{F}\Big[\frac{d^n x(t)}{dt^n}\Big]=(j2\pi f)^n X(f) \tag{12-32}$$

8. 积分性

因为

$$\frac{d\Big[\displaystyle\int_{-\infty}^{t}x(t)\,dt\Big]}{dt}=x(t)$$

在等式两边取傅里叶变换，利用上述微分性质，有

$$(j2\pi f)\mathscr{F}\Big[\int_{-\infty}^{t}x(t)\,dt\Big]=X(f)$$

所以

$$\mathcal{F}\left[\int_{-\infty}^{t}x(t)\mathrm{d}t\right]=\frac{1}{\mathrm{j}2\pi f}X(f)$$

对于高阶微分，可得

$$\mathcal{F}\left[\underbrace{\int_{-\infty}^{t}x(t)\mathrm{d}t\cdots x(t)\mathrm{d}t}_{n\text{重积分}}\right]=\frac{1}{(\mathrm{j}2\pi f)^{n}}X(f) \tag{12-33}$$

微分和积分性质用于振动测试时，如果测得设备的位移、速度、加速度中任一参数的频谱，则可以由微积分特性得到其余两个参数的频谱。

9. 卷积性

定义 $\int_{-\infty}^{\infty}x_1(\gamma)x_2(t-\gamma)\mathrm{d}\gamma$ 为函数 $x_1(t)$ 与 $x_2(t)$ 的卷积，记作 $x_1(t)*x_2(t)$。

若 $x_1(t)\Leftrightarrow X_1(f)$，$x_2(t)\Leftrightarrow X_2(f)$，则有

$$x_1(t)*x_2(t)\Leftrightarrow X_1(f)X_2(f) \tag{12-34}$$

式(12-34)说明两个时间函数卷积的傅里叶变换等于它们各自傅里叶变换的乘积。

证明：

$$\mathcal{F}\left[x_1(t)*x_2(t)\right]=\int_{-\infty}^{\infty}\left[\int_{-\infty}^{\infty}x_1(\gamma)x_2(t-\gamma)\mathrm{d}\gamma\right]\mathrm{e}^{-\mathrm{j}2\pi ft}\mathrm{d}t$$

$$=\int_{-\infty}^{\infty}x_1(\gamma)\mathrm{e}^{-\mathrm{j}2\pi f\gamma}\mathrm{d}\gamma\int_{-\infty}^{\infty}x_2(t-\gamma)\mathrm{e}^{-\mathrm{j}2\pi f(t-\gamma)}\mathrm{d}t$$

$$=X_1(f)X_2(f)$$

同理

$$x_1(t)x_2(t)\Leftrightarrow X_1(f)*X_2(f) \tag{12-35}$$

卷积计算适用交换律、结合律、分配律：

$$x(t)*y(t)=y(t)*x(t)$$

$$x_1(t)*\left[x_2(t)*x_3(t)\right]=\left[x_1(t)*x_2(t)\right]*x_3(t)$$

$$x_1(t)*\left[x_2(t)+x_3(t)\right]=x_1(t)*x_2(t)+x_1(t)*x_3(t)$$

12.3.3 几种特殊信号的频谱

1. 单位脉冲函数(δ函数)的频谱

1) δ函数的定义

在 ε 时间内矩形脉冲(或三角形脉冲及其他形状脉冲)$\delta_\varepsilon(t)$，其面积为 1，当 $\varepsilon\rightarrow0$ 时，$\delta_\varepsilon(t)$ 的极限 $\lim\limits_{\varepsilon\rightarrow0}\delta_\varepsilon(t)$ 记为 $\delta(t)$，称为 δ 函数，如图 12-9 所示。δ 函数用标有 1 的箭头表示。

图 12-9 矩形脉冲和 δ 函数

显然，$\delta(t)$ 的函数值和面积（通常表示能量或强度）分别为

$$\delta(t) = \lim_{\varepsilon \to 0} \delta_\varepsilon(t) = \begin{cases} \infty & (t = 0) \\ 0 & (t \neq 0) \end{cases} \tag{12-36}$$

$$\int_{-\infty}^{\infty} \delta(t)\mathrm{d}t = \int_{-\infty}^{\infty} \lim_{\varepsilon \to 0} \delta_\varepsilon(t)\mathrm{d}t = \lim_{\varepsilon \to 0} \int_{-\infty}^{\infty} \delta_\varepsilon(t)\mathrm{d}t = 1 \tag{12-37}$$

某些具有冲击性的物理现象，如电网线路中的短时冲击干扰，数字电路中的采样脉冲，力学中的瞬间作用力，材料的突然断裂以及撞击、爆炸等都是通过 δ 函数来分析的，只是函数面积（能量或强度）不一定为 1，而是某一常数 K。引入 δ 函数，运用广义函数理论，傅里叶变换就可以推广到并不满足绝对可积条件的功率有限信号范畴。

2）δ 函数的性质

（1）乘积性。

若 $x(t)$ 为一连续信号，则有

$$x(t)\delta(t) = x(0)\delta(t) \tag{12-38}$$

$$x(t)\delta(t \pm t_0) = x(\pm t_0)\delta(t \pm t_0) \tag{12-39}$$

乘积结果为 $x(t)$ 在 δ 函数位置的函数值与 δ 函数的乘积。

（2）筛选性。

$$\int_{-\infty}^{\infty} x(t)\delta(t)\mathrm{d}t = x(0)\int_{-\infty}^{\infty} \delta(t)\mathrm{d}t = x(0) \tag{12-40}$$

$$\int_{-\infty}^{\infty} x(t)\delta(t + t_0)\mathrm{d}t = x(\pm t_0)\int_{-\infty}^{\infty} \delta(t \pm t_0)\mathrm{d}t = x(\pm t_0) \tag{12-41}$$

筛选结果为 $x(t)$ 在 δ 函数位置的函数值（又称为采样值）。

（3）卷积性。

$$x(t) * \delta(t) = \int_{-\infty}^{\infty} x(\gamma)\delta(\gamma - t)\mathrm{d}\gamma = \int_{-\infty}^{\infty} x(t)\delta(t - \gamma)\mathrm{d}\gamma = x(t) \tag{12-42}$$

$$\begin{aligned} x(t) * \delta(t \pm t_0) &= \int_{-\infty}^{\infty} x(\gamma)\delta[\gamma - (t \pm t_0)]\mathrm{d}\gamma \\ &= \int_{-\infty}^{\infty} x(\gamma)\delta[(t \pm t_0) - \gamma]\mathrm{d}\gamma \\ &= x(t \pm t_0) \end{aligned} \tag{12-43}$$

工程上经常遇到的是频谱卷积运算：

$$X(f) * \delta(f) = X(f) \tag{12-44}$$

$$X(f) * \delta(f \pm f_0) = X(f \pm f_0) \tag{12-45}$$

可见，函数 $X(f)$ 和 δ 函数卷积的结果就是 $X(f)$ 图形搬迁，即以 δ 函数的位置作为新坐标原点的重新构图，如图 12-10 所示。

3）δ 函数的频谱

对 $\delta(t)$ 取傅里叶变换，有

$$\delta(f) = \int_{-\infty}^{\infty} \delta(t)\mathrm{e}^{-\mathrm{j}2\pi ft}\mathrm{d}t = \mathrm{e}^{-\mathrm{j}2\pi f \cdot 0} = 1 \tag{12-46}$$

其逆变换为

$$\delta(t) = \int_{-\infty}^{\infty} 1 \cdot \mathrm{e}^{\mathrm{j}2\pi ft}\mathrm{d}f \tag{12-47}$$

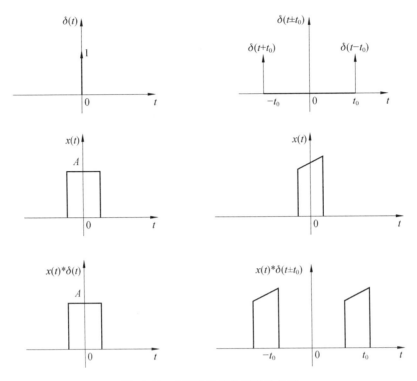

图 12-10 δ 函数与其他函数的卷积

可见，δ 函数具有等强度、无限宽广的频谱，这种频谱常称为"均匀谱"（见图 12-11）。

图 12-11 δ 函数的频谱

δ 函数是偶函数，即 $\delta(-t)=\delta(t)$、$\delta(-f)=\delta(f)$，利用对称、时移、频移等性质，还可以得到以下傅里叶变换对：

$$\delta(t \pm t_0) \Longleftrightarrow e^{\pm j2\pi ft_0} \tag{12-48}$$

$$e^{\pm j2\pi f_0 t} \Longleftrightarrow \delta(f \pm f_0) \tag{12-49}$$

2. 矩形窗函数和常值函数的频谱

1）矩形窗函数的频谱

在例 12-3 中已经求出了矩形窗函数的频谱，并用其说明了傅里叶变换的主要性质。需要强调的是，矩形窗函数在时域中有限区间内取值，但频域中频谱在频率轴上连续且无限延伸。由于实际工程测试总是时域中截取有限长度（窗宽范围）的信号，其本质是被测信号与矩形窗函数在时域中相乘，因此所得到的频谱必然是被测信号频谱与矩形窗函数频谱在频域中的卷积，所以实际工程测试得到的频谱也在频率轴上连续且无限延伸。

2）常值函数（又称直流量）的频谱

根据式（12-41）可知，幅值为 1 的常值函数的频谱为 $f=0$ 处的 δ 函数。实际上，利用傅里叶变换时间尺度改变性,也可以得出同样的结论:当矩形窗函数的窗宽 $T \to \infty$ 时,矩形窗函数就成为常值函数,其对应的频域 sinc 函数 $\to \delta$ 函数。

3. 指数函数的频谱

1) 双边指数衰减函数的频谱

双边指数衰减函数表达式为

$$x(t) = \begin{cases} -\mathrm{e}^{at} & (a > 0, t < 0) \\ \mathrm{e}^{-at} & (a > 0, t \geqslant 0) \end{cases} \tag{12-50}$$

其傅里叶变换为

$$\begin{aligned} X(f) &= \int_{-\infty}^{\infty} x(t) \mathrm{e}^{-\mathrm{j}2\pi ft} \mathrm{d}t \\ &= \int_{-\infty}^{0} -\mathrm{e}^{at} \mathrm{e}^{-\mathrm{j}2\pi ft} \mathrm{d}t + \int_{0}^{\infty} \mathrm{e}^{-at} \mathrm{e}^{-\mathrm{j}2\pi ft} \mathrm{d}t \\ &= \frac{-\mathrm{e}^{at} \mathrm{e}^{-\mathrm{j}2\pi ft}}{a - \mathrm{j}2\pi f} \bigg|_{-\infty}^{0} + \frac{\mathrm{e}^{-at} \mathrm{e}^{-\mathrm{j}2\pi ft}}{-(a + \mathrm{j}2\pi f)} \bigg|_{0}^{\infty} \\ &= \frac{-1}{a - \mathrm{j}2\pi f} + \frac{1}{a + \mathrm{j}2\pi f} \\ &= \frac{-\mathrm{j}4\pi f}{a^2 + (2\pi f)^2} \end{aligned} \tag{12-51}$$

2) 单边指数衰减函数的频谱

单边指数衰减函数表达式为

$$x(t) = \begin{cases} 0 & (t < 0) \\ \mathrm{e}^{-at} & (t \geqslant 0, a > 0) \end{cases} \tag{12-52}$$

其傅里叶变换为

$$\begin{aligned} X(f) &= \int_{-\infty}^{\infty} \mathrm{e}^{-at} \mathrm{e}^{-\mathrm{j}2\pi ft} \mathrm{d}t \\ &= \frac{1}{a + \mathrm{j}2\pi f} \\ &= \frac{a - \mathrm{j}2\pi f}{a^2 + (2\pi f)^2} \end{aligned} \tag{12-53}$$

单边指数衰减函数及其频谱如图 12-12 所示。

4. 符号函数和单位阶跃函数的频谱

1) 符号函数的频谱

符号函数可以看作双边指数衰减函数当 $a \to 0$ 时的极限形式,即

$$x(t) = \begin{cases} -1 = \lim\limits_{a \to 0}(-\mathrm{e}^{at}) & (a > 0, t < 0) \\ 1 = \lim\limits_{a \to 0}(\mathrm{e}^{-at}) & (a > 0, t \geqslant 0) \end{cases} \tag{12-54}$$

$$\begin{aligned} X(f) &= \int_{-\infty}^{0} \lim_{a \to 0}(-\mathrm{e}^{at}) \mathrm{e}^{-\mathrm{j}2\pi ft} \mathrm{d}t + \int_{0}^{\infty} \lim_{a \to 0}(\mathrm{e}^{-at}) \mathrm{e}^{-\mathrm{j}2\pi ft} \mathrm{d}t \\ &= \lim_{a \to 0} \frac{-1}{a - \mathrm{j}2\pi f} + \lim_{a \to 0} \frac{1}{a + \mathrm{j}2\pi f} \\ &= \frac{-\mathrm{j}}{\pi f} \end{aligned} \tag{12-55}$$

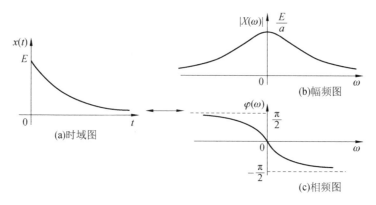

图 12-12 单边指数衰减函数及其频谱

2）单位阶跃函数的频谱

单位阶跃函数可以看作单边指数衰减函数 $a\rightarrow 0$ 时的极限形式，即

$$x(t)=\begin{cases}0 & (t<0)\\ 1=\lim\limits_{a\rightarrow 0}e^{-at} & (a>0,t>0)\end{cases}\tag{12-56}$$

$$X(f)=\frac{-\mathrm{j}}{2\pi f}$$

单位阶跃函数及其频谱如图 12-13 所示。

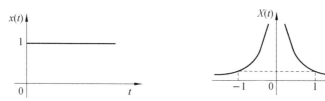

图 12-13 单位阶跃函数及其频谱

5.谐波函数的频谱

1）余弦函数的频谱

利用欧拉公式，余弦函数可以表达为

$$x(t)=\cos(2\pi f_0t)=\frac{1}{2}(\mathrm{e}^{-\mathrm{j}2\pi f_0t}+\mathrm{e}^{\mathrm{j}2\pi f_0t})\tag{12-57}$$

其傅里叶变换为

$$X(f)=\frac{1}{2}[\delta(f+f_0)+\delta(f-f_0)]\tag{12-58}$$

2）正弦函数的频谱

同理，利用欧拉公式及傅里叶变换，有

$$x(t)=\sin(2\pi f_0t)=\frac{\mathrm{j}}{2}(\mathrm{e}^{-\mathrm{j}2\pi f_0t}-\mathrm{e}^{\mathrm{j}2\pi f_0t})$$

$$X(f)=\frac{\mathrm{j}}{2}[\delta(f+f_0)-\delta(f-f_0)]$$

根据傅里叶变换的奇偶虚实性，余弦函数在时域中为实偶函数，在频域中也为实偶函数，

正弦函数在时域中为实奇函数，在频域中为虚奇函数，如图 12-14 所示。

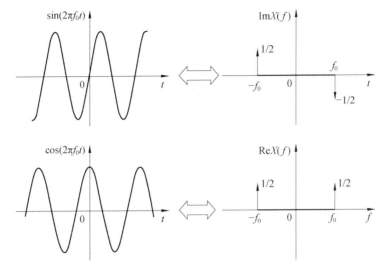

图 12-14　谐波函数及其频谱

12.4　滤　波　器

滤波器是一种选频装置，它只允许一定频带范围的信号通过，同时极大地衰减其他频率成分。滤波器的这种筛选功能在测试技术中可以起到消除噪声及干扰信号的作用，在信号检测、自动控制、信号处理等领域得到广泛的应用。

12.4.1　滤波器的分类

滤波器一般依据其频域上的特性进行分类，根据滤波器的选频作用，滤波器可以分成四类：低通滤波器、高通滤波器、带通滤波器和带阻滤波器。若只考虑频率大于零的频谱部分，则这四类滤波器的幅频特性如图 12-15 所示。

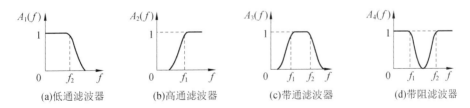

(a)低通滤波器　　(b)高通滤波器　　(c)带通滤波器　　(d)带阻滤波器

图 12-15　滤波器的幅频特性

（1）低通滤波器：只允许 $0 \sim f_2$ 间的频率成分通过，而大于 f_2 的频率成分衰减为零。

（2）高通滤波器：与低通滤波器相反，它只允许 $f_1 \sim \infty$ 间的频率成分通过，而小于 f_1 的频率成分衰减为零。

（3）带通滤波器：只允许 $f_1 \sim f_2$ 间的频率成分通过，其他频率成分衰减为零。

（4）带阻滤波器：与带通滤波器相反，它将 $f_1 \sim f_2$ 之间的频率成分衰减为零，其余频率成分几乎不受衰减地通过。

这四类滤波器的特性之间存在着一定的联系:高通滤波器的幅频特性可以看作低通滤波器做负反馈而得到的,即 $A_2(f)=1-A_1(f)$;带通滤波器是低通滤波器和高通滤波器的组合;带阻滤波器的幅频特性可以看作带通滤波器做负反馈而得到的。

根据构成滤波器的电路性质,滤波器可分为有源滤波器和无源滤波器;根据所处理的信号性质,滤波器可分为模拟滤波器和数字滤波器等。

12.4.2 理想滤波器

从图 12-15 可见,四类滤波器在通带与阻带之间都存在一个过渡带,其幅频特性是一条斜线,在此频带内,信号受到不同程度的衰减。这个过渡带是我们所不希望有的,但也是不可避免的。

理想滤波器是一个理想化的模型,在物理上是不能实现的,但是,对其进行深入了解,对掌握滤波器的特性是十分有帮助的。

根据线性系统的不失真测试条件,理想测量系统的频率响应函数应是

$$H(f) = A_0 e^{-j2\pi f t_0}$$

式中:A_0、t_0——常数。若滤波器的频率响应满足下列条件:

$$H(f) = \begin{cases} A_0 e^{-j2\pi f t_0} & |f| < f_c \\ 0 & \text{其他} \end{cases}$$

则称为理想低通滤波器。图 12-16(a)所示为理想低通滤波器的幅频、相频特性,图中频域图形以双边对称形式画出,相频特性中直线斜率为 $-2\pi t_0$。

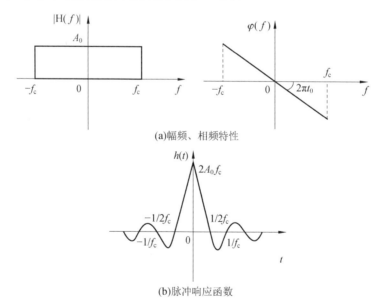

(a)幅频、相频特性

(b)脉冲响应函数

图 12-16 理想低通滤波器

这种在频域为矩形窗函数的理想低通滤波器的时域脉冲响应函数是 sincθ 函数。如果没有相角滞后,即 $t_0=0$,则

$$h(t) = 2A f_c \frac{\sin(2\pi f_c t)}{2\pi f_c t}$$

$h(t)$具有对称图形,时间 t 的范围从$-\infty$到∞,如图 12-16(b)所示。

但是,这种滤波器是不能实现的,对于负的 t 值,其 $h(t)$的值不等于零,这是不合理的。因为 $h(t)$是理想低通滤波器对脉冲的响应,而单位脉冲在 $t=0$ 时刻才作用于系统。任一现实的物理系统,响应只可能出现于作用到来之后,不可能出现于作用到来之前。同样,理想的高通滤波器、带通滤波器、带阻滤波器也是不存在的。讨论理想滤波器是为了进一步了解滤波器的传输特性,树立关于滤波器的通频带宽和建立比较稳定的输出所需要的时间之间的关系。

设滤波器的传递函数为 $H(f)$,若给滤波器一单位阶跃输入 $u(t)$:

$$x(t) = u(t) = \begin{cases} 1 & (t \geqslant 0) \\ 0 & (t < 0) \end{cases}$$

则滤波器的输出 $y(t)$为

$$y(t) = h(t) * x(t) = \int_{-\infty}^{\infty} x(\gamma)h(t-\gamma)\mathrm{d}\gamma$$

其结果如图 12-17 所示。

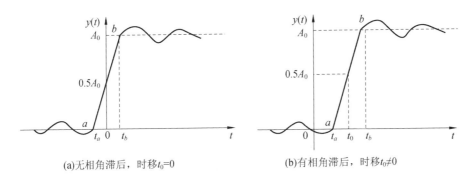

(a)无相角滞后,时移$t_0=0$　　　　　　　(b)有相角滞后,时移$t_0 \neq 0$

图 12-17　理想低通滤波器对单位阶跃输入的响应

从图 12-17 可见,输出响应从零值(a 点)到稳定值 A_0(b 点)需要一定的建立时间($t_b - t_a$)。计算可得

$$T_c = t_b - t_a = \frac{0.61}{f_c} \tag{12-59}$$

式中:f_c——低通滤波器的截止频率,也称为滤波器的通频带。

由式(12-59)可见,滤波器的通频带越宽,即 f_c 越大,则响应的建立时间 T_c 越小,即图 12-17 中曲线越陡峭。如果按理论响应值的 $0.1 \sim 0.9$ 作为计算建立时间的标准,则

$$T_c = t_b' - t_a' = \frac{0.45}{f_c}$$

因此,低通滤波器对阶跃响应的建立时间 T_c 和带宽 B(即通频带的宽度)成反比,即

$$BT_c = 常数$$

这一结论对其他滤波器(高通滤波器、带通滤波器、带阻滤波器)也适用。

另一方面,滤波器的带宽表示着它的频率分辨力,通常带宽越窄则分辨力越高。因此,滤波器的高分辨能力和测量时快速响应的要求是相互矛盾的。当采用滤波器从信号中选取某一频率成分时,需要足够的时间。如果建立时间不够,就会产生虚假的结果,而过长的测量时间也是没有必要的。一般采用 $BT_c = 5 \sim 10$。

12.4.3 实际滤波器

1.实际滤波器的特性参数

对于实际滤波器,为了能够了解某一滤波器的特性,就需要通过一些参数指标来作为判断依据。图 12-18 所示为理想滤波器(虚线)和实际带通滤波器(实线)的幅频特性。

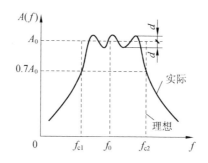

图 12-18　理想滤波器和实际带通滤波器的幅频特性

对于理想滤波器,其特征参数为截止频率。在截止频率之间的幅频特性为常数 A_0,截止频率以外的幅频特性为零。对于实际滤波器,其特征参数没有这么简单,其特性曲线没有明显的转折点,通带中幅频特性也不是常数,因此需要更多的特性参数来描述实际滤波器的性能。

1）截止频率

定义幅频特性值等于 $\dfrac{A_0}{\sqrt{2}}$ 所对应的频率称为滤波器的截止频率。以 A_0 为参考值,$\dfrac{A_0}{\sqrt{2}}$ 相对于 A_0 衰减 -3 dB。

2）带宽 B

通频带的宽度称为带宽(B),这里为上下两截止频率之间的频率范围,即 $B = f_{c2} - f_{c1}$,单位为 Hz。带宽决定着滤波器分离信号中相邻频率成分的能力,即频率分辨力。

3）品质因数 Q

定义中心频率 f_0 和带宽 B 之比为滤波器的品质因数 Q。

$$Q = \frac{f_0}{B}$$

其中中心频率定义为上下截止频率积的平方根,即 $f_0 = \sqrt{f_{c1} \cdot f_{c2}}$。

4）纹波幅度 d

实际滤波器在通频带内可能出现纹波变化,其波纹幅度 d 与幅频特性的稳定值 A_0 相比越小越好,一般应远小于 -3 dB,即 $d \ll A_0 / \sqrt{2}$。

5）倍频程选择性

实际滤波器达到稳定状态需要一定的建立时间 T_e,因此在上下截止频率外侧有一个过渡带,其幅频曲线的倾斜程度表明了幅频特性衰减的快慢,它决定着滤波器对带宽外频率成分衰阻的能力。通常用上截止频率 f_{c2} 与 $2f_{c2}$ 之间,或者下截止频率 f_{c1} 与 $\dfrac{1}{2}f_{c1}$ 之间幅频特性的衰减量来表示,即频率变化一个倍频程时的衰减量。这就是倍频程选择性。很明显,衰减越快,滤波器选择性越好。

6）滤波器因数 λ

滤波器选择性的另一种表示方法，是用滤波器幅频特性的 $-60\ dB$ 带宽与 $-3\ dB$ 带宽的比值表示，即

$$\lambda = \frac{B_{-60\ dB}}{B_{-3\ dB}}$$

理想滤波器 $\lambda = 1$，实际中一般要求 $1 < \lambda < 5$。如果带阻衰减量达不到 $-60\ dB$，则以标明衰减量（如 $-40\ dB$）的带宽与 $-3\ dB$ 带宽之比来表示其选择性。

2. RC 调谐式滤波器

在测试系统中，常用 RC 调谐式滤波器。RC 调谐式滤波器具有电路简单、抗干扰能力强、低频性能好等优点。它有如下几种。

1）RC 低通滤波器

RC 低通滤波器的典型电路及幅频特征曲线如图 12-19 所示。

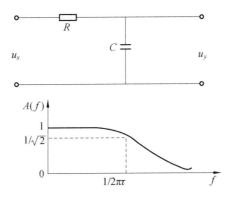

图 12-19 RC 低通滤波器的典型电路及幅频特性曲线

设滤波器的输入电压为 u_x，输出电压为 u_y，其微分方程为

$$RC\frac{\mathrm{d}u_y}{\mathrm{d}t} + u_y = u_x$$

令 $\gamma = RC$，为时间常数。经拉氏变换得传递函数

$$H(s) = \frac{1}{\gamma s + 1}$$

这是一个典型的一阶系统。其截止频率为

$$f_{c2} = \frac{1}{2\pi RC}$$

当 $f \ll \dfrac{1}{2\pi RC}$ 时，其幅频特性 $A(f) = 1$。信号不受衰减地通过。

当 $f = \dfrac{1}{2\pi RC}$ 时，$A(f) = \dfrac{1}{\sqrt{2}}$，也即幅值比稳定幅值下降了 3 dB。$RC$ 值决定着上截止频率。改变 RC 值就可以改变滤波器的截止频率。

当 $f \gg \dfrac{1}{2\pi RC}$ 时，输出 u_y 与输入 u_x 的积分成正比，即

$$u_y = \frac{1}{RC}\int u_x \mathrm{d}t$$

其对高频成分的衰减率为-20 dB/（10 倍频程）。如果要加大滤波器的衰减率，可以通过提高低通滤波器的阶数来实现。但数个一阶低通滤波器串联后，后一级的滤波电阻、电容对前一级电容起并联作用，存在负载效应。

2）RC 高通滤波器

RC 高通滤波器的典型电路及幅频特征曲线如图 12-20 所示。设滤波器的输入电压为 u_x，输出电压为 u_y，其微分方程为

$$RC \frac{\mathrm{d}u_y}{\mathrm{d}t} + u_y = RC \frac{\mathrm{d}u_x}{\mathrm{d}t}$$

同理，令 $\gamma = RC$，其传递函数为

$$H(s) = \frac{\gamma s}{\gamma s + 1}$$

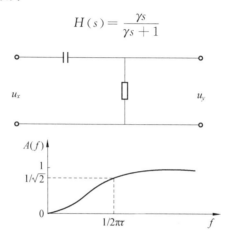

图 12-20　RC 高通滤波器的典型电路及幅频特性曲线

当 $f \ll \dfrac{1}{2\pi RC}$ 时，输出 u_y 与输入 u_x 的微分成正比，滤波器起着微分器的作用。

当 $f = \dfrac{1}{2\pi RC}$ 时，$A(f) = \dfrac{1}{\sqrt{2}}$，幅值比稳定幅值下降了 3 dB，也即截止频率。$RC$ 值决定着截止频率。改变 RC 值就可以改变滤波器的截止频率。

当 $f \gg \dfrac{1}{2\pi RC}$ 时，其幅频特性 $A(f) = 1$。信号不受衰减地通过。

3）带通滤波器

带通滤波器可以看作低通滤波器和高通滤波器串联组成的。串联所得的带通滤波器以原高通滤波器的截止频率为下截止频率，原低通滤波器的截止频率为上截止频率。但要注意，当多级滤波器串联时，由于后一级成为前一级的"负载"，而前一级又是后一级的信号源内阻，因此，两级间常用采用运算放大器等进行隔离，实际的带通滤波器常常是有源的。

能力训练

12-1　以下信号，哪个是周期信号？哪个是准周期信号？哪个是瞬变信号？它们的频谱各具有哪些特征？

　　（1）$\cos 2\pi f_0 t e^{-|\pi t|}$

　　（2）$\sin 2\pi f_0 t + 4\sin f_0 t$

　　（3）$\cos 2\pi f_0 t + 2\cos 3\pi f_0 t$

12-2 求信号 $x(t)=\sin 2\pi f_0 t$ 的有效值(均方根值),$x_{rms}=\sqrt{\dfrac{1}{T_0}\displaystyle\int_0^{T_0} x^2(t)\mathrm{d}t}$。

12-3 用傅里叶级数的三角函数展开式和复指数展开式,求周期三角波的频谱,并作频谱图。

12-4 求被矩形窗函数截断的余弦函数 $\cos\omega_0 t$ 的频谱,并作频谱图。

$$x(t)=\begin{cases}\cos\omega_0 t & (|t|<T)\\ 0 & (|t|\geqslant T)\end{cases}$$

12-5 已知某 RC 低通滤波器,$R=1000\Omega$,$C=2\ \mu\mathrm{F}$。

(1) 确定各函数式 $H(s)$、$H(\omega)$、$A(\omega)$、$\varphi(\omega)$;

(2) 当输入信号 $u_i=20\sin 1000t$ 时,求输出信号 u_o,并比较其幅值及相位关系。

12-6 已知低通滤波器的频率响应函数 $H(\omega)=\dfrac{1}{1+\mathrm{j}\tau\omega}$,其中 $\tau=0.005\ \mathrm{s}$。当输入信号 $x(t)=0.5\cos(10t)+0.2\cos(100t-45)$ 时,求输出 $y(t)$。

课外拓展

图像在传输过程中会携带噪声,噪声会对人的视觉产生很大的影响,请分析如何衰减或抑制噪声。

参考文献

［1］ 陈花玲.机械工程测试技术基础［M］.2 版.北京:机械工业出版社,2010.

［2］ 程涛,路媛媛,马丽.“机械工程测试技术”项目导向型教学方法改革探讨［J］.科教文汇(上旬刊),2018(07):74－75.

［3］ 胡向东,等.传感器与检测技术［M］.2 版.北京:机械工业出版社,2017.

［4］ 董春利.传感器与检测技术［M］.北京:机械工业出版社,2009.

［5］ 厉玉鸣.化工仪表及自动化［M］.5 版.北京:化学工业出版社,2011.

［6］ 赵勇,胡涛.传感器与检测技术［M］.北京:机械工业出版社,2010.

［7］ 杨娜.传感器与测试技术［M］.北京:航空工业出版社,2012.

［8］ 王建国.检测技术与仪表［M］.北京:中国电力出版社,2007.

［9］ 杨娜.传感器与测试技术［M］.北京:航空工业出版社,2012.

［10］ 贾民平,张洪亭.测试技术［M］.2 版.北京:高等教育出版社,2009.

［11］ 赵勇,胡涛.传感器与检测技术［M］.北京:机械工业出版社,2010.

［12］ 陈杰,黄鸿.传感器与检测技术［M］.2 版.北京:高等教育出版社,2010.